ALUMINIUM ARCHITECTURE

国外建筑材料与设计丛书

建筑中铝的构造与细部

ALUMINIUM ARCHITECTURE

[法]乌格斯 · 维尔坎　编著
齐勇新　苏　怡　译

中国建筑工业出版社

著作权合同登记图字：01-2006-2722号

图书在版编目（CIP）数据

建筑中铝的构造与细部/(法)维尔坎编著；齐勇新，苏怡译．北京：中国建筑工业出版社，2008
(国外建筑材料与设计丛书)
ISBN 978-7-112-09872-9

Ⅰ.建… Ⅱ.①维…②齐…③苏… Ⅲ.建筑材料-铝-研究 Ⅳ.TU512.4

中国版本图书馆CIP数据核字（2008）第016450号

责任编辑：孙　炼
责任设计：郑秋菊
责任校对：兰曼利　孟　楠

国外建筑材料与设计丛书
建筑中铝的构造与细部
[法] 乌格斯 · 维尔坎　编著
　　齐勇新　苏　怡　译
*
中国建筑工业出版社出版、发行（北京西郊百万庄）
各地新华书店、建筑书店经销
北京嘉泰利德公司制版
北京建筑工业印刷厂印刷
*
开本：787×1092毫米　1/16　印张：$9\frac{1}{2}$　字数：300千字
2009年8月第一版　2009年8月第一次印刷
定价：39.00元
ISBN 978-7-112-09872-9
(16576)

目录

序言：铝与性

艾里克 · 凡 · 伊格莱特

有一本用铝做成的书十分引人注目。这就是麦当娜在1992年推出的一本名为《性》的书。很显然，这是一本充满争议的书，而且是由一位惹是生非的天使推出的。有趣的是，与麦当娜几乎所有的作为一样，它也同样是那么与众不同。书里的文字和图片描述了一个令人信服的幻想世界，非常地直白而且有力。那么，究竟是什么使得这本书能够让人如此兴奋，甚至还有可能让人们产生些许恐慌呢？那是因为整部书让人们觉得非常地真实。这大约是十年前的事了。然而，在当今音乐电视剪辑中，那本书里的图片几乎已经成为标准元素，而书中所描绘的意识更是在当代广告中频繁被用到。

与麦当娜早先青春甜美的照片大不相同的是，这本书证明，在娱乐与传媒的圈子中自由的程度是无与伦比的。现如今再回过头去看这本书里的图片，就不会觉得那么骇人听闻了，而且或多或少还会让人们觉得不够专业，有些图片甚至让人有种难为情的无助感。如今这些图片给人的印象依然强烈，但与当今汤姆 · 琼斯（Tom Jones）、羊毛衫乐队（the Cardigans）、碎南瓜乐队（the Smashing Pumpkins）或是布兰妮 · 斯皮尔斯（Britney Spears）等人的录像短片相比，它给人们带来的冲击力和影响力就远远不及了。它甚至都比不上在电影和午夜场电视剧里播出的伏特加酒（Smirnoff）的广告。造成这一结果的原因并不能仅仅归结为摄影技术的提高，或是追求时髦风格的结果，也不能简单归诸于创作手法的改进。很显然，对于某种富于刺激和挑战性的革新而言，人们都需要在一段时间之后才能摆脱害臊的心情，并逐渐懂得去欣赏。对于新材料也是一样，需要历经一段时间之后，人们才会懂得去品鉴它。

似乎任何一种革新都会经历这样一个简单的过程。但是无论在什么时候，新材料刚一推出之际都会面临诸多的困难。

举一个例子，20世纪60年代初的时候，我的父母曾给我买了一双塑料凉鞋，它竟然跟我父亲的皮凉鞋惊人地相像。但是我一点都没觉得它好；因为它并非我真正想要的东西，而且还让我觉得这是退而求其次的选择。鞋本身也还说得过去，但是道理很简单，因为即便它们与现实中的东西十分相像，却没能打动我的心。也许它们会给其他人留下深刻的印象，但是对我却没有什么吸引力。我并没有像其他人那样体会到这种新技术所带来的喜悦，也绝不会把我欣赏的目光投诸于它。如果一个新生事物与已有的某个东西给人的感觉差不多，而且它既不新颖，又没个性，那么人们也就不会对它的生产技术产生多大兴趣。

受提高竞争力的要求所驱动，制造业似乎总是着力去复制、模仿甚至是抄袭现有的或是业已建立起来的评判标准。这个招数似乎还挺管用。在绝大多数情况下，至少有可能取得短期的成功。而这种暂时性的成功则是通过价格的降低来实现的。以那双塑料凉鞋为例，要想取悦于所有的消费者，它就不可能太过便宜。然而，对于有些孩子而言，他们就不会有什么抱怨之辞，因为他们脚上是最新款的DKNY(Donna Karan New York的缩写，著名的时装品牌。——译者注）化纤鞋或是那种有着漂亮而又布满装饰花纹的橡胶底的Nike鞋。然而它们并不仅仅是在商业上获得了成功，而且人们还视之为高档次的象征，它们能够凸显出穿鞋人的品味和修养。正是这类产品最终成就了塑料，并在塑料出现的40年后，造就出这种材料耐久并且很酷的形象。

这一现象并不仅仅存在于媒体业或是服饰业中。就跟塑料凉鞋仿造皮凉鞋的道理一样，混凝土在早期现代主义风格的建筑中看上去就像是石化的木头。关于这点，有一个很漂亮的建筑实例，它就是Michiel Brinkman设计的鹿特丹Spangen住宅中的混凝土栏杆。在这个建于1918年号称先锋派的住宅中，混凝土栏杆外面刷上了白漆，它让人们觉得这个栏板是用木头做的。等我们再三确认自己并没有丧失基本的判断能力之后再来看这些令人好奇的栏杆，我们依旧不知道这个栏杆究竟使用了什么材料。

幸运的是，当年在亚利桑那和内华达交界处建造雄伟的胡佛大坝（Hoover Dam）的时候，已经没有人还持有这样的看法了。在这里，虽然混凝土没有模仿任何其他的东西，也没有试图隐藏自己的真实身份，但它却让人们觉得踏实、舒适和平和，这些感受对于强化大坝固若金汤的形象十分有效。人们对于那些古老的、无以超越的、诸如吉萨金字塔或是雅典卫城一类的石头建筑的早期认识也都集中在这几方面的特性上。胡佛大坝采用的材料并没有去模仿什么，但它是强壮而又有力的。那么胡佛大坝的设计师们是否也获得了设计DKNY和Nike的同行们所取得的成就呢？如果答案是肯定的，那么混凝土就不应该只向人们展示它所具有的坚固、安全的特性了。它至少给人留下的印象要比现在这种多少有点不起眼的材料强上一些。设计师应该让人们看到，这种材料并不仅仅是安全建起一个大坝的正确选择，同时也是塑造大坝艺术品质的正确选择。目前，设计师们正在开发这种粗糙材料的其他性能，他们表示，混凝土也可以做得很柔软，很舒适，能让人感动或是给人安慰。大坝的建筑师向世人表明，大坝的雄伟结构将凝神沉思糅入了时空之中，就犹如古希腊和古埃及的那些实例一样。

技术创新以及自身潜能的发掘有可能会同时发生。关于这方面有一个早期实例，这就是弗兰克·劳埃德·赖特给查尔斯·恩尼斯（Charles Ennis）在加州洛杉矶设计的住宅。他采用大量纹饰丰富的砌块精心地砌筑出住宅的结构体系，同时也造就出一个深得好莱坞电影导演垂青的华丽而又迷人的气质。正是这些混凝土砌块所具有的这一特性才凸显了它的与众不同。技术创新以及塑造高雅格调的能力会让任何新材料或是任何二次开发的材料真正成为令人激动并富有吸引力的材料。

这就是为什么在服饰行业中，对材料的开创性运用无论对于消费者还是设计师而言都是一个巨大挑战的原因。塑料制品从初期的模仿直到凭借其高效性和适用性为人们所接受，如今它们已经成为时尚的代言人。这种材料用了不到40年的时间改变了我们的环境和我们的生活方式，最为重要的是，它改变了我们的文化意识和欣赏水平。尤其在今天，这样的例子更是举不胜举。

那么铝又是怎样的呢？很显然，在20世纪30年代兴起的飞行器制造业的推动下，铝几乎是眨眼之间就得到了人们的认可，它完全跨过了早期的模仿阶段。但是在建筑业，铝的应用仍然被局限于立面材料的范围中，不管我们乐不乐意，铝的确不止一次地跟19世纪后半叶那些阴沉而又缺少创见的建筑联系在一起。现如今，大量令人激动的开创性应用实例正在快速地增长着。在日趋流畅的建筑造型设计的支持下，表层和表皮的概念替代了饰面的概念，铝终于有机会一展所长了。事实上，铝能适应几乎所有的造型，既可当结构，也可做面层，这种材料的终极性能还有待人们去发掘。然而它能否在建筑业内被人们视为未来的材料，目前下断言还为时过早，但是它将逐渐跻身于众多重要材料的行列中，成为其中的一份子。

铝的特性

由于纯铝以及铝合金的优越特性，因此铝又有"不可思议的金属"以及"金属奇迹"之称。铝和铝合金都具有轻质、耐久，易加工、可塑性好、延展性好以及可以循环利用的特点。此外，其表面还可喷漆、电镀、氧化，甚至可以不加任何处理。它们还具有不燃、不吸湿以及无毒的特性。它们是电和热的良导体，最重要的是，它们还具有可焊性。

主要特性（以 20℃的环境下纯度为 99.99%的铝为例）

符号： Al

原子数： 13

原子量： 27g/mol

熔点： 660℃

沸点： 2500℃

密度： $2.7g/cm^3$

电阻： 26.6nΩ · m

导热性： 235W/(m · k)

比热容： 900J/(kg · K)

晶体结构： 面心立方体结构

热膨胀系数： $24\times10^{-6}/K$

弹性模量： $69000N/mm^2$

铝最广为人知的，也许也是它最突出的一个特性就是质量轻。它的比重是 $27kN/m^3$——只有钢或铜的 1/3。无论出于何种考虑，当需要减轻某种成分或是一组成分的自重时，它的这种特性就很容易得到发挥。

耐腐蚀性

化学腐蚀　尽管铝是一种很容易发生反应的金属，它与氧的结合力也非常强，但是无论是纯铝还是大多数品种的铝合金都会对多种不同类型的腐蚀具有很强的耐受性：如大气腐蚀、溶液腐蚀以及油类或是其他化学品引起的腐蚀等。其天然的氧化"膜"使得这种金属很难发生反应，并因此降低了大气、温度、湿度所带来的影响以及某些化学物质的侵袭。即便这层膜遭到了破坏，但很快又会重新形成。在大多数情况下，腐蚀的速度会随时间的推移而迅速下降。只有在极少数情况下，比如说与氢氧化钠溶液接触时，腐蚀才会持续地发生发展。尽管这道氧化面层相对而言比较薄［厚度约为（50～100）$\times10^{-10}$m］，但是一旦这种金属处在有氧的环境中，比如说水中，它就会在金属与其所处环境之间形成一层防护膜。这个氧化层所具有的物理化学稳定性就决定了铝的耐腐蚀性。这一稳定性取决于环境的 pH 值。当 pH 值处于 4～8 之间时，这个防护性氧化层就会十分稳定。然而，一旦 pH 值高于或者低于上述阈值时，氧化层就会在酸性条件下生成 Al^{3+} 离子，或是在碱性条件下生成 AlO_2 离子。不过，还可以采取其他一些措施来保护铝及其合金，例如说，表面喷涂、金属或非金属阳极氧化处理，还可以采用抑制剂或是阴极防腐处理等方法。

电化腐蚀　当电流通过两种化学成分不同但又结合在一起的材料时，这种腐蚀就会发生。腐蚀最严重的地方就发生在两种材料的结合点处，由于在这里，两种材料间的距离最短，因此电阻非常小。两种金属材料的接触点，比如说焊点、焊缝、铜接头等，是两种材料间的纽带，因此很容易发生与选用金属相对应的电化腐蚀。从微观层面来看，这种腐蚀也会在多元素合金以及低纯度金属的微观成分结构中发生，这是因为存在异种粒子或是金属间存在化合物。当铝与红铜或者黄铜结合在一起并处在潮湿的环境中时，那么铝就会发生腐蚀（因此，当金属有可能与水接触时，就需要采取特别的防护措施）。当与不锈钢（18×8，18×8×2，铬含量为 13%）结合时，即便在干燥的环境中铝也会发生腐蚀，其腐蚀程度甚至比在潮湿环境中（如海上应用等）还要严重。为避免电化腐蚀，最简便的方法就是把不同的金属材料隔绝开来。当然，通过合理的设计也可以避免金属间的直接接触。不过，当金属间的接触无法避免时，可以在金属间放置隔绝材料，如氯丁橡胶等。

裂缝腐蚀　缝隙和裂缝会导致很严重但却仅限局部的腐蚀；从锈斑到金属表层全面被锈蚀均有可能发生。构造关系（铆接金属板、接头处的缝隙等）、铝与其他非金属材料间的摩擦力（如塑料、橡胶等）、灰尘污垢以及金属表面化学腐蚀的生成物均会导致裂缝的出现。空气不流通也有着很关键的作用，尽管这并不是惟一的原因，但却触发了这种腐蚀的发生。相反，缝隙中酸的形成是个非常复杂的现象。不过这种腐蚀在金属铝的缝隙中发展得十分缓慢。这是因为氧化铝封堵了裂口，因此减缓了腐蚀过程的发展速度。

铝制住宅，伊东丰雄事务所，东京，日本

蚀损斑　这是一种仅限于局部发生的腐蚀形式，表现为凹痕或者孔洞（小而长的锥体或呈半球形）。从微观层面来看，这些受侵蚀区域的外轮廓不是很规则。如果金属表面绝大多数地方（但并非全部）涂有抗腐蚀的保护层，以铝或者铝合金为例，那么就有可能会出现这种蚀损斑。这是因为在保护层遭受机械性损伤并且无法重新修复的部位发生了局部阴极反应。这种腐蚀现象主要发生在当金属处于相当潮湿的环境中（如放在地面上）以及金属表面留有水点，或是金属表面存在冷凝水膜的情况下。蚀损区通常出现在金属表面，腐蚀部位的表面覆盖着一层通常呈透明状的薄层，这是一层惰性氧化物，它有可能是在生产加工过程中形成的，也有可能是与环境发生反应后形成的。铝、钛、不锈钢以及铜都有可能出现这种情况。把遭受侵蚀部位的表面烘干可终止这种腐蚀的发展。

柯尼希泽德住宅，赫尔穆特 · 里希特，鲍姆加滕堡，奥地利

粒间腐蚀　这种腐蚀是伴随颗粒分解所发生的，腐蚀沿粒子的边缘发生发展。在第二阶段的加速期，这一电化过程的快与慢取决于粒子边缘的“细胞”构造。一种合金金属发生粒间腐蚀的难易程度取决于它的微观结构，比如说该金属的生产方式以及所采用的热处理方式等。铝镁铜合金在一定的老化阶段很容易发生粒间腐蚀。

剥离腐蚀（散裂）　这种腐蚀发生在与金属表面平行分布的金属粒子间的大量缝隙之中，它是一种特定的选择性腐蚀。这类腐蚀与特定的微观结构的排列方式有关。在没有遭受外力的情况下，层片或者整块表面会出现剥离现象。对于热处理加工的镁铝铜合金以及铝锌镁铜合金而言，剥离腐蚀是很常见的腐蚀现象。对于那些很容易发生应力腐蚀裂纹的合金材料而言，应力腐蚀裂缝会加剧这种层间剥离腐蚀。不过，对于那些即便不容易发生应力腐蚀裂缝的

齐塔·克恩扩建体，ARTEC 事务所，拉斯多夫，奥地利

乡村台屋，渡边诚，岐阜县，日本

合金材料来说，也依然会遭受剥离腐蚀的侵扰。但是，各向同性的微观结构通常不会出现剥离腐蚀的问题。

丝状锈蚀 对于金属结构和耐久性而言，这种浅色不分叉的细丝，似乎表面看起来要比实际情况厉害得多，它们出现在未作防护处理的金属表面或者金属表面涂层之下。但是，非常薄的铝合金板或是铝箔有可能被腐蚀透，很薄的肋板（飞行器结构中经常会采用）也会深受其害，而且反过来还会进一步降低它们的耐腐蚀能力。

应力腐蚀裂缝（SCC） 应力腐蚀裂缝的产生与粒间裂缝的形态或是晶体构成方式有关。它的产生是由于水溶液腐蚀媒介——通常含有氯化物——连同机械拉应力作用共同导致的。应力腐蚀裂缝会因微观结构的崩溃而瞬间发生。某种具有耐腐蚀能力的材料在特定情况下有可能会在低于极限强度的应力作用下屈服。这是一个十分复杂的现象，受到多种不同因素的影响。

腐蚀与疲劳 与遭受单一条件作用相比，同时遭受腐蚀与动态拉应力或者压应力的共同作用会对材料的耐受性造成极大的削弱。尽管我们可以对承受静态作用力的个别金属部位进行防腐处理，但是大多数的表面涂层，包括天然形成的氧化膜，都会因动态拉应力或者压应力造成的断面或裂缝而遭到破坏。与在大气环境中所表现出的耐受性相比，所有的铝合金材料在受到腐蚀和疲劳的共同作用时，其耐受性都会有所降低。例如，当放置在氯化钠溶液中并施加 10^8 次循环加载时，其耐受性只有大气中耐受性的 25%～35%。

反射性、导热性与导电性

铝对辐射能具有很高的反射性：如可见光，热辐射和电磁波等。铝是热的良导体；其导热系数 λ 约为 235W/(m·K)。该数据的含义是，当材料的两侧表面温差为 1K 时，每秒钟通过面积为 $1m^2$ 且厚度为 1m 的该种材料的热量。导热系数较低的材料是很好的绝热体，以玻璃棉为例：λ=0.04W/(m·K)，但是金属却表现出很高的导热性，比如铜：λ=380W/(m·K)；钢：λ=50W/(m·K) 等。铝是极好的导电体（铜是最常用的导电体，如以规格相同的导线为例，铝的导电性是铜的 63%）。其良好的导电性——再加之它所具有的其他特性——使得铝在很多地方都被用作铜的替代品。

防火

铝是不燃材料。当环境温度接近铝的熔点 660℃时，它便开始熔化。其导热性是钢的 4 倍，比热是钢的 2 倍。

MABEG 总部，尼古拉斯 · 格雷姆肖事务所，索斯特，德国

这就是说，对铝而言，热量的散失速度会更快一些，因此，要想将一块铝加热到某个特定的温度，就会比同样质量的钢需要更多的热量。

其他特性

铝是不含铁的金属——对于电气工程和电子学而言，这是一个非常重要的特性。铝不会产生火花，这在诸多的实际应用中也是尤为重要的一点，其中包括电气应用以及应用在易燃易爆品附近等，铝尤其适用于海上开采石油和天然气的工业建筑中。铝无毒，不透水不透气，因此在早期，铝被用于食品业和包装业。

合金材料及其分类

在大多数铝合金材料里，所有前面提及的特性均有体现。合金的组成与分类都是参照国际分类标准、变形铝合金（变形铝合金，wrough alloys，是指以压力加工的方式生产的铝合金产品。——译者注）的命名法以及众多的包括铸造铝合金（铸造铝合金，cast alloys，是指以铸造的方式生产的铝合金铸件。——译者注）在内的国际标准来确定的。铝及其合金的分类如下：

• 以化学成分为依据：

－纯度分类法，例如在铝的生产过程中会混入的少量杂质（如硅，铁，铜等）。

－合金元素分类法，最重要的合金元素有镁、铜、硅、锌、锰等。

• 以半成品的加工方法为依据：

－铸造铝合金和变形铝合金（辗轧、压延、锻造等）。除去这些相同类别的产品外，这一组别还包括不同类别的产品，例如由铝和其他金属轧辊而成的金属板，以及烧结产品等。

• 以硬化方式为依据分为两类：

－可瞬间硬化的合金；这类合金在淬火后再进行热处理，其硬度以及其他物理性能都会有所提高。

－不可瞬间硬化的合金。

然而，就像其他金属产品一样，还有一种硬化方式可以同时适用于这两类产品。这就是加工硬化，也就是在冷却状态下所进行的塑性加工（例如轧制）。下面提及的分类和衡量标准体系是最为常用的体系之一。每一种给出的合金金属均采用四个字符来表示，后面可能还会有一个英文字母和一个附加数字以说明热处理的方式以及合金的构成。例如：6082-T6 就表示经完全热处理的中硬度硅镁铝合金。

商业中心—“邮轮”，克罗德·瓦斯科尼，圣纳泽尔，法国

四位数字分类法如下：

1××× 纯度不低于99%的铝

2××× 铜铝合金

3××× 锰铝合金

4××× 硅铝合金

5××× 镁铝合金

6××× 铝镁硅合金

7××× 铝锌镁合金

8××× 多元素合金，如铝锂合金等

1××× 系列的特点是，具有极好的耐腐蚀能力，具有很高的导热性及导电性，其力学性能适中但却具有很好的机械加工性能。这类合金在建筑中有着非常广泛的应用。

2××× 系列大量性地应用于对强度要求较高的结构体系中（比强度），这类合金的可焊性较差，但是其中一些却表现出很好的机械加工性能。

3××× 系列的合金强度要比1××× 系列高出20%以上。不过，当需要一种硬度适中但同时还要有良好的可塑性和机械加工性能的合金时，该系列的三种合金（3003、3004、3105）就会经常被用到。在用于建筑构件生产方面，这三种合金都十分理想，尤其适合用做屋面的外饰面板。

4××× 合金系列包括用于焊接电极的合金以及用于焊接铝材的金属焊料，用于焊接的金属其熔点应低于待焊金属。硅含量高的合金呈黑灰色，如果进行阳极氧化处理其颜色则呈黑色。这类合金也同样适用于建筑工程中。

5××× 合金系列在海水环境中具有极佳的可焊性和耐腐蚀性。这类合金也同样适合用于建筑工程中。

6××× 合金系列强度适中，它具有良好的可塑性、可焊性以及机械加工性能，同时还具有很强的耐腐蚀性。它们也非常适合进行表面抛光和阳极氧化处理。该系列合金在建筑中有一定的应用，如用于焊接结构以及窗间墙饰面板等。

7××× 合金系列用于加工承重构件。

类别中打头四位数字之后的字母及数字代表了用来划分不同类别产品的加工状态（铸造铝合金和变形铝合金），其中不包括铝锭。其基本含义是（字母后面的数字则用来做进一步的说明）：

–F 对金属结构不作特殊要求的自由加工状态

–O 退火状态

–H 冷加工硬化状态（变形铝合金）

–W 固熔热处理状态（回火不稳定状态）

–T 热处理状态

耳鼻喉科诊所，恩斯特 · 吉塞布雷赫特，格拉茨，奥地利

还有许多其他的分类命名体系也大多是从上述的体系中演化出来的。有的采用四个字母和四位数字的组合来命名，如EN AW XXXX，这里的EN（欧洲标准）指明了所采用的标准，A代表铝（aluminium），W代表变形铝合金（wrough），四位数字的含义同上。目前整个欧洲正在普及推广以上提到的这个命名体系标准，以统一不同国家采用的国家标准。

铝的加工

从铝及铝合金的特性就可以看出，采用传统的金属加工工艺如辗轧、压延、锻造等方法可以很容易地对它们进行加工。此外，金属的表面也可以采用多种方式进行处理。铝板材、片材以及卷材都是采用辗轧的方式生产的。采用热熔的方式或是熔解回收铝的方式生产出来的铝板材首先要进行热轧加工，之后再进行冷轧加工。这种方式生产的板材厚度仅有6μm（铝箔）。压延法可以加工各种形状和尺寸的铝构件，因此可以满足大量的创新工程技术的需要。借助液压机将铝坯段压入模具之中。每一个坯段可生产出一个以上的构件，而构件的长度最长可达50m。生产出来的构件可根据需要留用长料也可以切割成短料。这些生产出来的构件还可进行冷压和锻造等加工处理。绝大多数压延构件都是采用直接挤压成型的方式。但是也有一些采用了间接挤压成型处理。压延法就是在450℃的温度下，给铝合金坯段的一端施加压力并将其压入特定的模具中。所有类型的铝合金都可采用压延法进行加工。而最常用压延法进行加工处理的铝合金是6000系列(铝－镁－硅合金)。

铸造法可分为两大类：

－铸块法，

－铸件法。

在第一种加工方式中，铝被加工成铸块或是坯段。之后再经过二次加工生产出成品或是半成品的铝件。铸造厂则采用第二种方式来生产铸件。这两种铸造方法采用的都是砂模铸造法及永久铸模法。后一种方法又可以细分为压模铸造法、低压锭模铸造法、离心铸造法以及连续浇铸法四类。

• 表面处理可以改变金属的外观，并且可以长久地保护金属以避免腐蚀的发生。卷材涂层法是一个连续加工的过程，首先将需要处理的铝板面搁放到位，之后就可以进行涂层的工序了(涂层通常都是液体的)。此类加工处理要求放在滚筒上的成卷铝板不能有破损，之后就是让铝板在涂层溶液中走一遍就可以了。这道处理工序需要在金属最终加工定型前进行。

因此，这就要求选用的涂层能够经受得住后续的加工处理而不会被破坏。阳极氧化是采用电解法对金属表面进行处理的方法。它可以增加金属的硬度，并让金属具备更好的能力以抵抗来自外界的影响（如耐腐蚀性等），还可以用来处理多种颜色的抛光或是亚光的金属表面。烘焙法甚至可以直接处理成形的半成品构件，先将涂料（通常都是粉末态）放在准备进行处理的金属表面上，然后借助高温的作用让涂料紧紧地黏附在金属的表皮上。如不考虑处理对象的种类，这种涂层可分为三种：PVC（聚氯乙烯）涂层、聚酯或聚氨酯涂层以及 PVDF（聚偏氟乙烯）涂层。

铝的二次加工

铝非常适于进行各种切割加工处理，诸如刨、磨、钻、锯等，也适于进行变形加工处理，如锻制、拉伸、浮雕、折叠、翻边、弯曲、锤锻等，此外它也同样适于进行拼接处理，如夹合拼接、螺钉拼接、铆钉拼接、焊接拼接、铜焊拼接、焊料拼接以及胶合拼接等。

• 卡扣拼接法（push-fit）可将不同的构件拼接起来，并且可以提供一定程度甚至更大程度的灵活性。这种拼接方式多用于构件设计中，此外，相同材料之间的拼接（不需要采用其他种类的材料时）也可采用这种方式。

• 夹合拼接法（clamp connection）主要在铝门窗框上安装玻璃时采用的固定方法，起到衔接和保护作用。这种拼接方式对于安装和拆卸都十分方便。

• 焊接（welded joints）可以让轻质结构的拼装无论是局部还是整体都具有很好的刚度。铝是非常适合进行焊接的金属之一。不过，由于它的特殊属性，因此需要采用特殊的焊接技术。由于铝的导电性要优于钢，因此需要更多的电流才能保证满意的焊接效果。此外，由于铝的导热性也要优于钢，因此在焊接的过程中还需要消耗更多的热量。在焊接过程中，铝会因受热而发生变形，焊接区的铝会变得比原来的要软也更容易变形。而铝的热胀冷缩幅度是软钢的 2 倍之多。受热熔化的铝容易与氢分子结合，这会造成焊接区出现很多孔洞。焊接之前，那层均匀透明的氧化膜必须用金属刷去除干净，此外，还必须采用恰当的焊熔剂或是采用惰性气体电弧焊等方式以避免氧化膜的重新生成。构件的焊接面必须干净且没有油污以避免任何含有氢元素的物质存在。近来金属电弧焊接法已经很少采用，不过对于那些对焊缝质量要求不高的特定工程而言，采用这种工艺就非常合适。最为常用的两种焊接方法是惰

TELEVISA 大楼，十人建筑师事务所，墨西哥城，墨西哥

K 博物馆，渡边诚，东京，日本

性气体保护金属电弧焊（MIG）和钨极惰性气体保护电弧焊（TIG），焊接时，电弧和熔化的金属均处在保护性气体的范围之内。这两种焊接工艺可采用人工操作，也可让自动焊接设备来完成。它们适用于所有的铝合金类别，也适用于不同厚度的工件，并能保证焊缝具有良好的品质以承受荷载的作用。厚度从 0.5 ～ 75mm 甚至更厚的工件都可以进行焊接。MIG 焊接法多用于承受常规荷载作用的焊缝处理；而 WIG 焊接法则尤其适用于对焊缝有着更高要求的案例中。

• 胶接法（adhesive bonding）。对于结构性接缝而言，铝与铝之间，或是铝与其他金属甚至非金属之间的黏结强度取决于胶粘剂本身。有三种不同的胶粘剂可用于铝的黏结，它们是：环氧树脂、聚氨酯和丙烯酸酯。

环氧树脂胶粘剂（epoxy resin adhesive）在结构性接缝方面被视为最好的胶粘剂。它们可以用来黏结众多金属以及非金属材料。在高达 100 ～ 120°C 的温度下，它们仍能表现出很高的强度，此外，它们还具有很好的化学反应耐受性。它们的固化时间相对较长，但是在 80°C 的烤炉中，其固化速度会得到提高。

丙烯酸酯胶粘剂（acrylate adhesive）同样适用于结构性接缝处理。其固化时间要远远少于环氧树脂类胶粘剂。它们还可以用于油污清洗不太充分的表面，而且其黏结力也不会受到明显的削弱。丙烯酸酯胶粘剂与环氧树脂类胶粘剂的硬度都非常高，因此它们很容易受到动态应力、冲击力以及各向异性热效应的影响。为了弥补弹性方面的不足，某些胶粘剂中还掺入了弹性珠子以避免粘合剂的裂缝进一步扩展。因此我们称之为硬性环氧树脂胶粘剂以及硬性丙烯酸酯胶粘剂。

在庞大的聚氨酯家族中，双组分聚氨酯胶粘剂(polyurethane two-component adhesive)在结构性接缝方面，其机械强度虽不及环氧树脂和丙烯酸酯，但同样也很出色。而另一方面，聚氨酯的弹性要好得多，因此它们多用于对耐疲劳抗振动有要求的案例中。此外，即便在相当低的温度下聚氨酯的弹性也不会受到影响。

目前在全世界范围内大量开展的科研工作都是在为铝的未来应用做铺垫。在固态焊接领域就有一项最新的研究成果，这就是摩擦焊接法（friction-stir welding）。这一方法是将一种工具套在两件金属工件紧密贴合的接缝上。工具与待焊工件之间通过摩擦生热来软化焊接处的金属进而形成高品质的焊缝。摩擦焊接有诸多优点：晶格畸变少、力学性能优（从疲劳应力、拉伸应力以及弯曲应力的角度而言）、操作过程无气体产生、焊接区不会发生孔洞现象、金属不会四处飞溅，也不会出现金属收缩的问题等。此外，这一方法可以用来处理任何部位的构件，能量消耗相对比较低，工具也不会有磨损。这样的一个工具可以用来加工1000m长的6000系列的铝合金焊缝。

目前，日本的铝加工厂正在开展压延构件、焊接铝蜂窝结构板以及浇铸构件在建筑应用上的研究。迄今为止对这种"超级金属"的研究表明，通过十分简单的化学处理可进一步改进金属的微观结构并因此改善材料的性能并提高回收率。

铝在建筑中的应用

在了解了铝这种材料的各种特性之后，现在我们就可以来关注铝及其合金在建筑中的应用了。房屋建设对铝材的需求日益增加，这主要是因为它有着无可争议的优点和特性。然而，最重要的开发利用还是在飞行器制造业中，很显然这是由于采用了铝锂合金而降低了总重量，在汽车工业中，借助模拟以及计算等有限元分析方法[finite element methods，所谓有限元分析法是指，用较简单的问题代替复杂问题后再求解。它将求解域看成是由许多称为有限元的小的互连子域组成，对每一单元假定一个合适的（较简单的）近似解，然后推导出整个域总的满足条件（如结构的平衡条件），从而得到问题的解。这个解不是准确解，而是近似解，因为实际问题被较简单的问题所代替。由于大多数实际问题难以得到准确解，而有限元不仅计算精度高，而且能适应各种复杂形状，因而成为行之有效的工程分析手段。——译者注]，可以精确地预测铝合金构件的具体表现，以整体变形效应为依据来辅助车身和底盘的设计。铝在这两个行业中取得的成就正逐渐应用在建筑领域中。

李维斯欧洲总部，Samyn事务所，布鲁塞尔，比利时

耐久性

铝的寿命很长，甚至不需给予特别的养护。事实上，这种材料的寿命几乎是无限长的。我们从San Gioacchino大教堂（罗马，1897）的屋顶、帝国大厦上的构件（纽约，1935）以及皮卡迪里广场（Piccadilly Circus）上爱神伊洛士的雕像（伦敦，1893）中都能很清楚地看到这点。所有这些例子中用到的铝至今都保持完好。铝不吸潮，不膨胀，不腐烂，不收缩也不开裂，也不用采取什么防护措施来抵抗紫外线。它也不像有机物那样会老化。在建筑中有着广泛应用的铝（锰、镁、硅）合金在应对不利环境的影响和老化问题上都表现出很好的耐受性。建筑中采用的铝有着很长的使用寿命，也许除了美观的要求而进行必要的清洁

之外，再不需要什么特殊的关照。即便是处在不利的环境中，甚至是那些人们无法靠近的地方，铝所具备的耐腐蚀性也能确保建筑的长期无恙。

0.91mm 铝板的平均腐蚀深度

海洋性气候：	5 年后：	0.070mm
	20 年后：	0.085mm
工业性气候：	5 年后：	0.045mm
	20 年后：	0.050mm
热带性气候：	5 年后：	0.025mm
	20 年后：	0.025mm

（资料来源：欧洲铝协会）

铝箔和铝板的众多用途之一就是给其他建材做保护层，例如做保温层。

构件 由于铝不透水，因此铝板可以用来防水以避免保温材料受潮。铝最常见的应用就是用铝板充当建筑的单层外围护饰面，它能更好地保护屋面以及墙面来对抗风和其他恶劣天气的影响。这层外皮尤其多用于承重结构或是钢筋混凝土墙面以及砖墙面之外。其表面有平板的，也有为了增加横向刚度而设计的肋板（Ω 形断面、梯形断面等）。

高等技术联邦学院，恩斯特・吉塞布雷赫特，凯思多夫，奥地利

图书科技中心，多米尼克・佩罗，布斯圣乔治，法国

双层铝板饰面就是将一层金属外皮固定在另一张金属底衬（也就是内层）上形成的。内层可直接贴附在主体结构表面或是那些用来支撑外墙并将荷载传递到承重构件上的辅助框料的表面上。

矩形板——通常都是预制的平板——可直接粘贴在承重构件外或是包在辅助框架的外面。其固定方式采用暗装法。

三明治板或复合板基本上都是一体的构件，它由两层板构成——外层和内层——中间是保温材料（聚氨酯泡沫塑料、聚乙烯泡沫塑料或是类似的材料）。保温材料有利于提高板面的刚度并能保证良好的保温性能。这类板加工长度可达 15m，既可横向安装也可竖向安装。夹芯中有时也会采用铝制的或者塑料的蜂窝结构来增加板的刚度。这类板材与边框是一体的，因此安装非常便捷，还能保证墙面的密闭性。

双层立面是在墙体外皮做完金属饰面之后再外加一层不受力的玻璃“幕墙”。这两层之间有不少于 150mm 的空腔。事实上，所有玻璃构件、立面龙骨配件、不透明板面以及其他必需的构件均可用铝合金来加工。

大多数铝制构件表面都采用了阳极氧化处理、表面喷漆处理或是 PVC 涂层处理。它们用水或者中性清洗剂清洗起来十分方便。

强重比

铝的这一特性令人赞叹不已（重度 $27kN/m^3$），因为在某些情况下它可以减轻结构的自重。与其他广泛应用的材料相比，在相同的环境下，同样重量的铝具有更高的强度（顺便提一句，可以通过精心选择相应品种的铝合金来满足不同的需要——参见分类），此外，其刚度也要更胜一筹。建筑用铝合金的弹性模量 E 为 $69000N/mm^2$，使得材料的极限强度有所提高。

此外，这种材料的弹－塑性表现意味着它可被划归安全金属的类别，因为它不会出现突然脆性断裂的情况。当对安全性要求非常高的情况下，这种特性则是必不可少的，例如窗间墙。因此，需兼顾精细精巧又要坚固结实的情况下就会优先选用这种金属，此外尺寸比较大的构件如建筑的预制构件、幕墙、饰面板、玻璃墙或玻璃屋面、门、窗等也会优先选用这种金属。事实上，它适用于任何对刚度有要求的案例中：露天的装置、高大的建筑、大型框架结构、承重构件等。这种金属所具备的刚度可以允许人们设计出非常精巧的框架体系，而且在普通荷载作用下不会发生变形。

雷诺汽车研发中心—Le Proto，让－保罗・阿莫尼克，技扬谷，法国

现代高技术倾向的外窗和外墙体系都具有良好的热性能指标，因此可以从生态学和经济性的角度来实施对建筑的维护。为了获得最大限度的通透效果，铝制品厂家、外装修施工单位以及特种铝生产商共同研发出了纤巧的承重结构和框架结构。当采用铝作为建筑的围护结构时（墙、屋顶等），其强重比的优势就会全面得以体现。材料重量轻就会削减运输费用，此外现场操作更容易，总体自重也相应减轻。每平方米 2～3kg 重的板子用人力就可以搬得动，而不需要使用起重设备。铝不论是单独使用还是与木材、塑料等其他材料结合使用，都可以用来制作遮阳板、温室、屋面面层、栏杆扶手等，铝箔还可以用来制作保温板。

防火

我们并非对各种国家颁布的防火规范抱有成见，但是我们可以很明确地说，铝完全能够满足防火安全上的需要。它是非燃烧品，也不会释放有毒的气体或是蒸汽。铝合金的熔点接近 660℃，火灾后期也不过才刚刚达到这一温度。这个熔点比烧毁大多数其他材料所需的温度还要高出很多。当一个铝制建筑暴露在火中，铝相对很高的热传导性就意味着，热量会从外露部位被很快地散发出去。这是个很关键的问题，因为为了确保整体结构的稳定，需要降低重要结构部位所遭受的高温，因此要延长建筑的排风时间。

此外，假设建筑发生了火灾，那么屋面以及外墙表层的薄铝板就会被大火所熔化，这也能起到防火的作用，这是因为，饰面由于熔化而被破坏，建筑因此被“打开”，大量的热和烟气从这里被排放出去。这有助于保护消防设施和结构体系的安全——至少可以维持一段时间。

设计上的多样性

铝极大地拓展了设计师的设计思路。而压延法又可以生产出各式各样的实心的以及空心的构件，构件不仅在性能上能够满足使用的要求，而且构件的误差还可以控制在几百分之一毫米的范围内。绝大部分的压延构件都是可以加工出来的；从为满足美学要求而设计的构件（如方形、圆形、椭圆形以及其他断面形式等）到为满足技术要求而设计的构件（如夹式连接件、构件间的拼缝、断桥做法、冷凝水导水槽、幕墙框料体系等）都是如此。随着压延加工厂和压延工艺在设计方面所取得的技术进步，再加上生产效率的不断提高，对于气密性和水密性的要求也提出了新的要求。铝合金压延加工十分简便易行，而这一点正是这种金属的最大优势。从材料的价格来看，低价位又是它的另一个优势。而铝及其合金的弹性模量仅有钢的 1/3 这个弱点也因为它们的广泛适用性而得到了弥补。如果将一根铝梁的强度增加 50%，那么它就有可能达到钢材的强度——而梁的重量却要少上一半。采用压延铝还可以生产出扭转强度很高的构件，即便构件上留有安装电缆和管线的开口或是用于安装夹层的槽口之类的孔洞，这都没有什么问题。

艺术文化中心—纺织厂，克罗德 · 瓦斯科尼，牟罗兹，法国

压延设备的价格相对低廉，在工厂里的组装时间也越来越短，此外还可以进行小批量（几百公斤）的铝制品加工等，这些优点对于那些规模相对较小的工程而言，定做一些专门的构件也是完全有可能的。各种不同的外围护（外墙、屋面等）饰面板可以做成平的、弧的或是波浪形的。特殊形状的板可以采用便携式成形机在现场进行加工。定做的铝构件也可以采用浇铸法生产。铝可以锯、钻、折、弯、拼、焊，无论是在工厂还是在施工现场都可以进行这类操作。此外，铝还可以进行多种处理。前面已经提到，最常用的表面处理方法是阳极氧化和表面上漆。阳极氧化是通过电解处理在金属表面生成一层本色的或是彩色的氧化膜。最开始只有三种颜色（本色、青铜色以及香槟色），不过在此期间，其他金属质感的颜色或是矿石（黄铁矿）质感的颜色也被生产出来。有不少建筑还使用了经阳极氧化处理的双色板（颜色可根据光线环境发生变化），这样的建筑在日本尤其多见。

梅塞德斯－奔驰设计中心，伦佐 · 皮亚诺工作室，辛德菲根，德国

兰斯会议中心，克罗德・瓦斯科尼，兰斯，法国

表面喷漆法通常都是采用静电粉末喷涂技术，需要在炉子里进行固化处理，这种技术可用于单个构件或者连续板面（卷材）的面层处理。需要在炉中进行烘制加工的聚酯涂层做法目前应用得非常广泛，其表面颜色和质感效果多种多样。近期出现的麻面和金属质感的表面效果让我们不禁想到，也许更新的技术成果已经躺在生产线上了。很多生产厂商都开始涉足诸如木贴面做法等铝构件表面处理的新领域。

热工性能

建筑中热量的流失包括传导和对流两种方式。铝是热的良导体。因此，为了避免在使用中出现热桥问题，就需要采取一些防护措施。构件不易变形的能力，特别是铝制构件（如热胀变形小、材料不易开裂等），是建筑水密性和气密性的长期保证。

铝制窗框和门框通常会在两个半片框料中填充保温材料，这也是出于刚度、不易变形以及延长使用寿命的考虑（采用聚酰胺、树脂等）。构件的内皮与外皮之间用保温材料分隔开来，这样可以将热量散失降低到最低程度；另外，这样也能有效提高内表面的温度以避免结露现象的发生。良好的接缝处理也可以确保框料的气密性。这样一来，由传导和对流造成的整体结构的热损失只可能在构件交接处发生。因此，构件接缝的完全闭合以及避免在整体结构或是节点构造中热桥的出现就显得尤其重要。显然，铝制构件应首选双层或者多层通风外墙的做法。

从外墙饰面与内墙承重结构连接的保温措施上来看，外墙饰面有时也会出现薄弱点，这是因为机械固定件是无法避免的，而这些固定点处的保温层也因此受到了严重压缩。此外，如果采用多层构造做法的墙体内侧没有密闭或是密闭不严的话，那么热空气——在室内较高压力的作用下——就会透过墙体的各层做法后将外饰面板的内表面加热。即便饰面板受到了加热，但如果饰面板的外表皮温度仍然低于露点温度的话，就会发生结露现象，而冷凝水则会滞留在墙体内部。因此，在金属饰面板内皮贴上一道致密保温板的做法是非常有必要的，这样可以避免室内的热量在保温层附近发生对流或是穿透保温层等问题的发生，因为一旦发生这样的问题，材料的热性能将会被大幅度地降低（可高达50%以上）。惟一可以解决由于外饰面板外表面温度过低（例如表面温度低于室外空气的温度）进而导致饰面板内表面（人们看不到的地方）发生结露的方法就是所谓的不通风构造（non-ventilated construction）——死膛单层屋面做法，也就是所谓的保温屋面（warm decks）。

BORSIG厂区复兴工程，克罗德・瓦斯科尼，柏林，德国

香港会展中心，SOM 事务所及王欧阳事务所，香港，中国

格林威治交通中转站，福斯特事务所，格林威治，英国

布鲁塞尔展览中心，Samyn 事务所，布鲁塞尔，匈牙利

铝制保温屋面采用了直立锁边设计。这些槽形板固定在压延铝支架上，再通过一个独立的梁托安装在主体结构上。由于整体密封性好，因此不会形成热对流。要想达到这样的效果，首先要安装上厚度富余一些的保温层，等屋面板安装后保温层就会被压缩到合适的厚度了。

直立接缝采用机器来锁边。这种固定方式不会破坏外饰面，它不仅能够保证极佳的气密性，而且板面受热胀开时也不会受到任何约束。隔气层铺贴时一定要仔细谨慎，以确保室内的湿气不会因风所造成的负压而侵入到屋顶面层中。

生态学方面的优势

铝的可回收性也是它的一个重要属性。建筑被拆掉后，铝构件仍然可被再次利用，事实上其原有的品质和性能都没有任何损失。早些年还有过使用回收铝也是一项重要节能措施的提法（熔化回收的铝材所消耗的能量是新生产铝材所消耗能量的 5%）。此外，这种材料自重轻的特点并不仅仅意味着它的加工、运输和操作过程中能量消耗少，此外，建筑越轻，那么用在基础上的材料就会越少。

铝的历史

铝首次被提取出来是在19世纪初。在自然状态下，几乎所有的岩石、黏土以及土壤中都会含有铝，只不过大多都是氧或其他元素的化合物。而铝也只能以与其他物质的化合物的形式存在，这些物质包括硅酸盐类以及氧化物等。这些化合物非常稳定，因此人们历经了多年的工作和研究才最终将其提炼出来。在人类文明初期，人们使用黏土特别是含有铝元素（水合硅铝酸盐）的黏土来制作陶器，而在古代，埃及人和巴比伦人则用铝盐来制作颜料和药品（用于治疗消化不良，或者制成牙膏等）。古希腊人和古罗马人用明矾来制作收敛剂或者干燥剂。明矾是由两种盐以及水分子组成的化合物，其中的一种盐通常都是硫酸铝 $Al_2(SO_4)_3$。钾矾的化学分子式是 $K_2SO_4 \cdot Al_2(SO_4)_3 \cdot 24H_2O$。其他含有硫酸铝的明矾还有钠矾、氨矾和银矾。

会议中心及工业剧院，福斯特事务所，格拉斯哥，英国

ING 银行及 NNH 总部扩建工程，EEA 事务所，布达佩斯，匈牙利

在中世纪，铝是象征炼丹术的元素之一。1761年，来自蒙素（Monceau）的亨利·路易斯·迪阿梅尔（Henri Louis Duhamel）提出了“矾土”（alumina）一词，用来指代所有与明矾相关的物质。1808年，英国化学家汉弗莱·达维（Humphry Davy）爵士终于证实了这种金属物质的存在，并将之命名为“aluminum”，之后这个名字又变成了“aluminium”。他试图借助电流的作用将矾土（氧化铝）分解，但是实验并没有成功。之后，在1821年，法国人皮埃尔·贝尔捷（Pierre Berthier）发现了一种黏土状沉积物，呈红色而且质地坚硬。从这块岩石的分解物中发现了钙、硅酸盐以及占总量52%的氧化铝（Al_2O_3）。由于岩石的发现地位于法国南部的Les Baux-en-Provence村附近，因此这种矿石被称为铝土矿（bauxite）。

1825年，丹麦科学家汉斯·克里斯蒂安·厄斯泰兹（Hans Christian Oersted）通过蒸馏钾溶液（钾与水银的混合物）与氯化铝（$AlCl_3$）溶液混合后的生成物而成功提取到了少量的铝；那些蒸馏残留物就是少量的杂质铝。两年之后，德国化学教授弗里德里希·韦勒（Friedrich Wöhler）介绍了一种可以得到灰色粉末态铝的办法，就是采用钾的混合物来还原氯化铝来得到铝。他试图从这些粉末中得出铝的化学属性。1845年他再次通过钾还原氯化铝的方式得到了一些针头大小的铝粒，他从这些铝粒上得出了这种金属的一些物理性能，也就是它的密度以及它的一个特殊属性——轻质。

1852年，法国人亨利·圣-克莱尔·德维尔（Henry Sainte-Claire Deville）在拿破仑三世的支持下，对韦勒采用的方法加以了改进，从而使得提取大量的铝成为可能。

他采用还原氯化钠和氯化铝的络合盐的方法，从而第一次提出了商业制铝法。在当时，铝是一种“贵重”的金属，比金和铂都要贵重。在1855年的巴黎世博会上，一块参展铝锭的上方标题写着“泥土中的白银”。1858年，亨利·路易斯·勒夏忒列（Henry Louis Le Chatelier）发明的制铝法为铝的大规模生产铺平了道路。到1890年为止，采用圣－克莱尔·德维尔发明的方法总共生产出200吨的铝。1885年,美国人汉密尔顿·Y·卡斯纳（Hamilton Y.Cassner）改进了德维尔的办法，并因此将每年的铝生产量提高到15吨。

ING 银行及 NNH 总部，EEA 事务所，布达佩斯，匈牙利

1886年,两位23岁的年轻的科学家,法国的保罗·图森特·埃鲁(Paul Toussaint Héroult)和美国的查尔斯·马丁·霍尔（Charles Martin Hall）分别提出了炼铝法的专利技术，而在这之前，他们是分头开展的研究，而且也互不知晓对方的研究内容。当时他们两人都发现，将氧化铝投入到熔化的冰晶石液体中，并采用强电流流经电解槽内的冰晶石电解液的方法可将氧化铝熔化。这一方法引发了一场真正的“铝业的兴盛”。多年以来，人们对铝的冶炼技术进行了诸多创新和改进，但是在今天，铝的经济冶炼法仍是以霍尔－埃鲁（Hall–Héroult）法为基础的。第一个采用电解炼铝法的商业性质的生产厂出现在1888年。欧洲的第一家铝厂是在埃鲁的协助下在瑞士的Neuhausen am Rheinfall落成。在美国，美国铝业公司在宾夕法尼亚州的匹兹堡成立；他们在生产中采用的是霍尔法。法国电冶公司（Société Electrométallurgique Française）在法国的Isère省Froges市成立——这是法国首家配备第一批电解槽并采用电解法来冶炼工业用铝的工厂。

1887～1892年间，拜耳化学品公司创始人之子，奥地利人拜耳（Karl–Jozef Bayer）发明了能从铝土矿中大规模地提取氧化铝的拜耳法。铝——因为自重轻——早自1914年就成为飞行器制造业中的一种重要材料——这是由于第一次世界大战所带来的“需求”（用于制造飞机、飞艇等）。1947年，铝首次用于大批量的汽车生产中——即Panhard Dyna汽车。1900年铝的年产量为8000吨；1920年年产量升至128000吨。仅过了26年，这一数字又飚升到681000吨。到了1997年，铝的年产量已经达到了2200万吨。铝相对而言还是一种“年轻”的金属，因为铝的生产和应用只能追溯到1854年。因此，拿它的“年龄”跟铜、铅、锡等非铁金属做比较是没有意义的，因为那些金属有着数千年的应用史。不过，从以吨计的产量来看，即便铝的重量比较轻，但其产量也超过了所有这些非铁金属（铜：1150万吨；铅：540万吨；锡：20万吨——1997年

ICHTHUS 学院，EEA 事务所，鹿特丹，荷兰

菊竹建筑师事务所办公楼，菊竹建筑师事务所，东京，日本

产量数据）。除去 2200 万吨的直接年产量之外，每年还有 700 万吨的回收铝（1997 年数据）。

铝在建筑中的应用

1897 年，建筑师洛伦佐 · 德 · 罗西（Lorenzo de Rossi）指定采用银白色的铝板来做罗马 San Gioacchino 教堂穹顶的屋面。直到今天，这些铝板仍然完好无损。从那之后，铝被人们视为建材中的中坚力量之一，这不光是因为有很多用铝制作的艺术品或是装饰品等实例，如 1893 年铸成的伦敦皮卡迪里广场上的爱神伊洛士的雕像，以及建于 1935 年的纽约帝国大厦上的铝制构件等，（帝国大厦是第一个使用阳极氧化铝材的建筑），还有那些围绕这种"新"材料而取得的诸多成就都在吸引着现代建筑师的目光。例如，劳伦斯 · 科克（Laurence Kocher）和艾伯特 · 弗雷（Albert Frey），他们在 1931 年的纽约建筑展上展出了一座铝制住宅。他们设计的"铝住宅"也因此成为柯布西埃设计的多米诺住宅（Maison Dom–ino）最强有力的竞争对手。包豪斯创始人沃尔特 · 格罗皮乌斯认为，铝是"未来的建材"。二战之后，铝在建筑中的应用机会似乎也越来越多。

关于这方面有一个非常恰当的例子，1949 年，建筑师让 · 普鲁韦（Jean Prouvé）设计了一个殖民风格的铝住宅，它让伦佐 · 皮亚诺和彼得 · 莱斯（Peter Rice）后来的作品看到了希望。正是由于自重轻的特点，这栋铝住宅才有可能从法国运到到尼日尔的首府尼亚美（Niamey）。1974 年，诺曼 · 福斯特爵士提出了一个十分重要的设计构思，他在英国诺里奇市（Norwich）的圣斯伯里视觉艺术中心（Sainsbury Centre for Visual Arts）的立面和屋面上采用深冲（deep–drawn）铝板构成了十分独特的分格。时至今日，铝——从最简单的窗框开始——逐渐占领了整个外立面（窗间墙板、面层、百叶、遮阳板等）、屋顶以及承重结构等领域，由此看来，仅用这一种材料既作建筑的围护结构又作承重结构的日子也不远了。

铝的制取

从铝土矿到氧化铝

地壳（岩石圈）中铝的含量约为 8%，仅次于氧和硅位居第三。但是，在天然状态下纯铝是不存在的，不过在很多矿石里都含有同硅酸或是氧结合在一起的铝元素。天然状态下铝土矿中的铝是以氧化铝的形式存在的。此外，铝土矿里还含有钛、硅以及使矿石呈现为红色的氧化铁。从经济性的角度来看，铝土矿是惟一一种可用来提炼纯铝的矿石。为了保证铝土矿开采的经济性，要求矿石中氧化铝的含量不应低于40%。全世界大约90%的铝土矿都集中在热带和亚热带国家。目前，仅澳大利亚的开采量就占到全世界开采总量的30%。另外，在几内亚、牙买加、圭亚那、苏里南、巴西、印度以及喀麦隆等国家境内也发现并开采出了铝土矿。在欧洲，主要的矿区位于希腊、匈牙利、法国和南斯拉夫。即便不考虑还会有新矿带的发现，到目前为止所发现的铝土矿资源也已经能够满足好几百年的使用需求了。铝矿石主要来自露天矿，并且大多数情况下提炼氧化铝的工作是在开采国国内完成的。之后氧化铝被运往国内的（更多时候是运到国外）干式电解处理厂。4～5吨的铝矿石可生产出2吨氧化铝，而2吨氧化铝可生产出1吨纯铝。

采用拜耳法（Bayer process）通过给铝矿石加压加热从而得到氢氧化铝，然后再通过煅烧的方法可得到氧化铝（Al_2O_3）。铝矿石洗净后放入压煮器内并通过高温高压作用使之溶解在氢氧化钠溶液中。由此得到的溶液中含有大量的铝酸钠以及由于含有铁、硅、钛而不能溶解的铝矿石残渣。这些残渣——通常叫做〝赤泥〞（red mud）——可通过压滤机将其滤除掉。纯铝酸钠溶液则被注入沉淀桶中。之后在沉淀液中加入氧化铝晶粒以待溶液冷却后诱导和加速结晶的析出。这些晶粒沉入沉淀液底层并停留在那里。随后在回转窑中用1100℃的高温来蒸发掉化学溶液中的水分。最终可得到白色的粉末——纯氧化铝。而氢氧化钠又可以回到开始的程序中被重复利用。

从氧化铝到铝

氧化铝的熔点非常高（超过2000℃）。因此可先将氧化铝溶解在熔融状态下的冰晶石（Na_3AlF_6）液体中，冰晶石是一种易熔的天然氟铝酸钠，在设有碳或石墨涂层的钢制电解槽中（或是钢锅中）950℃的温度即可将其熔化。让一道高强度、低电压的电流（150000A）从消耗型石墨阳极（正极）发出，并在流经整个钢制电解槽之后抵达不起任何反应的阴极（负极），阳极的石墨是从石油焦炭和沥青里提炼出来的，而阴极则用碳制成，还可以采用在钢槽壁涂上石墨层的方式来充当阴极。这道电流可将溶液分解为氧气和铝。在这一过程中，氧气汇聚到浸入熔融态电解液中的石墨电极处并随后生成一氧化碳和二氧化碳。每隔一段时间就用锤子在电解液表面形成的硬壳上砸出一个洞口，并将一定量的氧化铝从这个洞口注入电解液中，而生成的液态铝就沉在电解槽底部，可以定期采用虹吸法将铝抽取出来。

这就是纯度为99.7%甚至更高的铝。残留的0.3%是少量的铁、硅以及其他一些来自氧化铝自带的或是生产过程中添加物中的元素。铝熔液注入坩埚后送至铸造厂。在这里，它被放入保温炉中（容量可达50吨），伴随防尘和持续除气的过程逐渐凝固形成铝锭以待将来的二次加工。从不同类别铝合金的相应特性来看，"纯"铝中时常含有铁、硅、镁、铜等元素，但也并不局限于这几种。

用这种方法制取到的铝合金可采用间接成形法（semi-continuous casting）将熔融的金属直接冷却制成铝锭，也可制成方便以后压延和锻造加工使用的圆柱状坯段，还可以制成方便以后辗轧加工使用的铝板等。这些产品随后在压延厂、辗轧厂等工厂中被加工成半成品铝件，如压延构件、铸件、铝板、铝卷材、铝线等。另一种方法是直接成形法（continuous casting），就是省略铸造铝锭的过程，而是直接用熔融的金属铸成半成品构件。今天的炼铝厂配有大约300个"炼炉"（pots），年产量可达125000吨。不过，最新建成的炼铝厂的年生产量则可达到35万～40万吨。尽管铝是在950℃的温度下被提取出来的，但是纯铝的熔点只有660℃。一些炼铝厂为了能在制炼新铝的过程中加入回收铝，因此开发利用了铝的这一特点。生产周期对比数据显示，加工回收的铝所消耗的能量是生产新铝所消耗能量的5%——而且新制铝与回收加工铝在质量和性能上并不存在任何差异。

实例分类

在建筑学领域中，我们说整体大于各部分之和，或者用更准确一点的话来说，一座大楼的整体建筑风格会影响设计过程中技术细节的构成，同时，所采用的技术、材料的特性以及利用该种材料生产的构件等要素又通过技术细部和建筑细部的设计而最终决定了落成建筑的风格。因此，完全可以通过建筑采用的技术细部构造来阐释说明建筑的理念。

后面将要介绍的 25 个实例都配有几张示意图。这些小图示（每个实例最多有四个）可以帮助我们依据铝材施用的主要部位来对这些实例加以归类。铝或是铝合金施用部位如下：

1

2

3

4

—1：用作结构或是承重构件；一般来说，这些构件都是采用压延法生产的，构件的选用均来自设计的要求

—2：墙体

—3：屋面

—4：窗框以及其他框料

南立面

十字柱与方形套管的组合

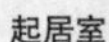

起居室

铝制住宅

东京，日本
伊东丰雄事务所

设计：这个铝制住宅位于东京世田谷区宁静的居民区内，房子的主人是一对夫妇。住宅的首层设有厨房、卧室和卫生间，二层则有一个露台和一个带卫生间的客房。房子中间的阳光室两层通高，充足的阳光可由此进入室内；必要时它还可以用来通风。两个楼面上的所有房间均可向阳光室敞开——也可与之隔开。所有的结构构件以及建筑外墙面均用铝做成，用以强调自然光线的柔和感，这也使得该作品给人们留下了宁静而又和谐的印象。所以说，正是铝的这种特质弱化了单个结构构件、隔墙以及其他构造细节之间的显著差异。铝的那种平和质地再加上轻质铝构件所带来的简洁效果使得结构体系〝与整个环境融为一体〞的感受愈加突出。由于柱子如同门窗那样被整合到墙体之中，因此结构体系并不会比家具和装置更显得突兀。

构造：建筑师正是借助铝的这种结构性能最终实现了将结构与外饰面统一起来的目标。也就是采用铝作为外饰面的同时，综合利用压延铝构件的诸多实用功能。采用压延法可以很轻易地用铝加工出非常复杂但又极其精准的构件。因此，毫无疑问，这一领先技术的应用将会把诸如此类的建筑设计及构造做法大规模地推广开来。瓦楞铝板的表面非常光滑，当用来做墙板、楼板和屋面板时，可以有效地分散所承受的外力，因此构件看上去会显得非常细巧。相

柱与屋面交接处节点

屋面与墙体交接处增设橡胶垫以增加稳定性

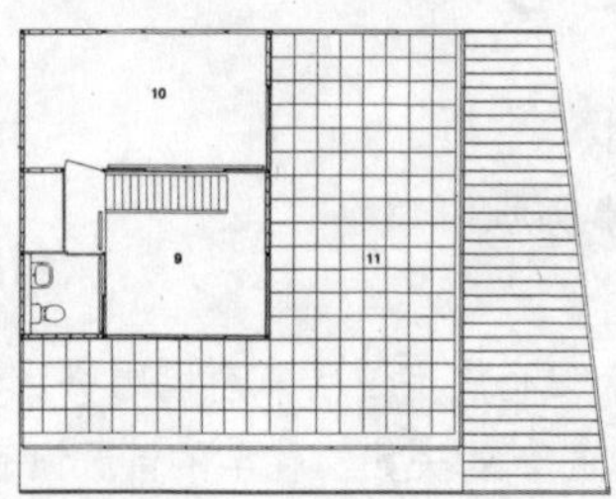

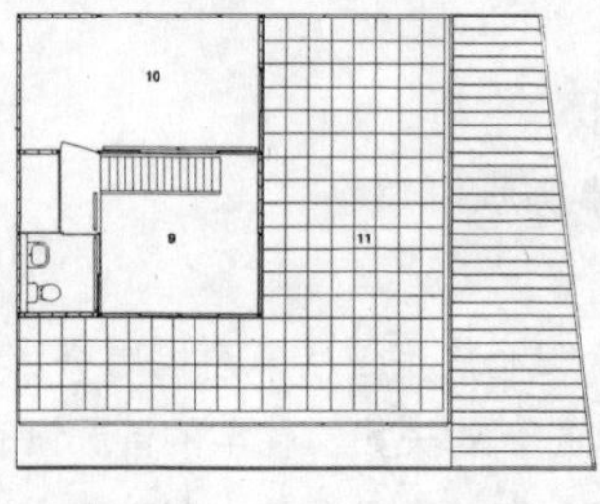

二层平面图

1 和室
2 入口
3 起居室
4 浴室
5 阳光室
6 卫生间
7 卧室
8 厨房
9 上空
10 客房
11 露台

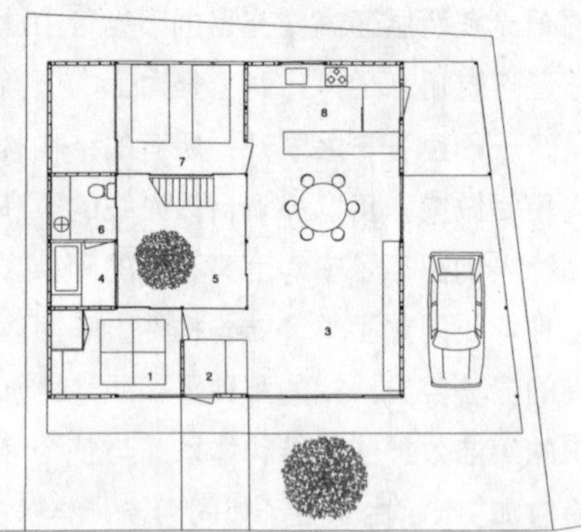

一层平面图

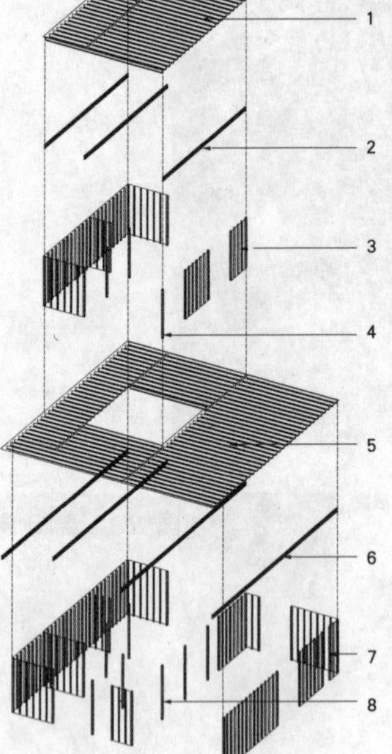

由不同构件组成的结构概念图
1 铝肋板（屋面），板厚 4mm，肋 96mm×70mm×8mm×9mm，A5083S–H112 AS110A
2 梁（屋面），96mm×70mm×6mm ~ 6mm×12mm，A6N01S–T5 AS175
3 加肋铝墙板，A6063S–T5 AS210
4 柱芯，62mm×62mm×7mm，A7003S–T5 AS210
柱套，70mm×70mm×2mm，A60635–T5 AS210
5 铝肋板（二层），板厚 4mm，肋 146mm×70mm×8mm×9mm，A5083S–H112 AS110A
6 梁（二层），146mm×70mm×6mm ~ 6mm×15mm，A6N01S–H112 AS210
7 加肋铝墙板，A6063S–T5 AS210
8 柱芯，62mm×62mm×7mm，A7003S–T5 AS210
柱套，70mm×70mm×2mm，A–6063S–T5 AS210

南立面及东立面

顶棚，工字形梁

对于采用钢筋混凝土结构的同类设计而言，该建筑 55kg/m^2 的自重比 1050kg/m^2 的标准重量可谓是轻了许多。此外，铝的耐久性和广泛适用性使得它还可以用来做外墙的承重构件，例如柱子兼做窗框的做法等（采用压延法可以将柱套和窗框加工成一个构件）。

焊接屋面板

构造方面延续了轻巧、模数化的日本建筑的传统做法，主要采用了四种不同的铝构件：

– 用在屋顶上的 96mm × 70mm × 8mm × 9mm 焊接铝板（板厚 4mm），用在二层楼面上的 146mm × 70mm × 8mm × 9mm 铝板（板厚 4mm）

– 装在方套管（70mm × 70mm × 2mm）内的十字形柱（62mm × 62mm × 7mm）

– 用于屋面的 96mm × 70mm × 6mm ~ 6mm × 12mm 工字形梁，用于二层楼板的 146mm × 70mm × 6mm ~ 6mm × 15mm 工字形梁

–300mm 宽压延铝墙板

安装门窗框（同时兼做柱套）

所有的门窗洞口均安装了推拉式铝百叶。

材料：用于墙面的 A6063S–T5 型压延铝板为“槽”型断面并带有翻边。这一 300mm 宽的构件内设有三条 T 形断面的龙骨，这些龙骨采用压延法与墙板加工成一体。这三

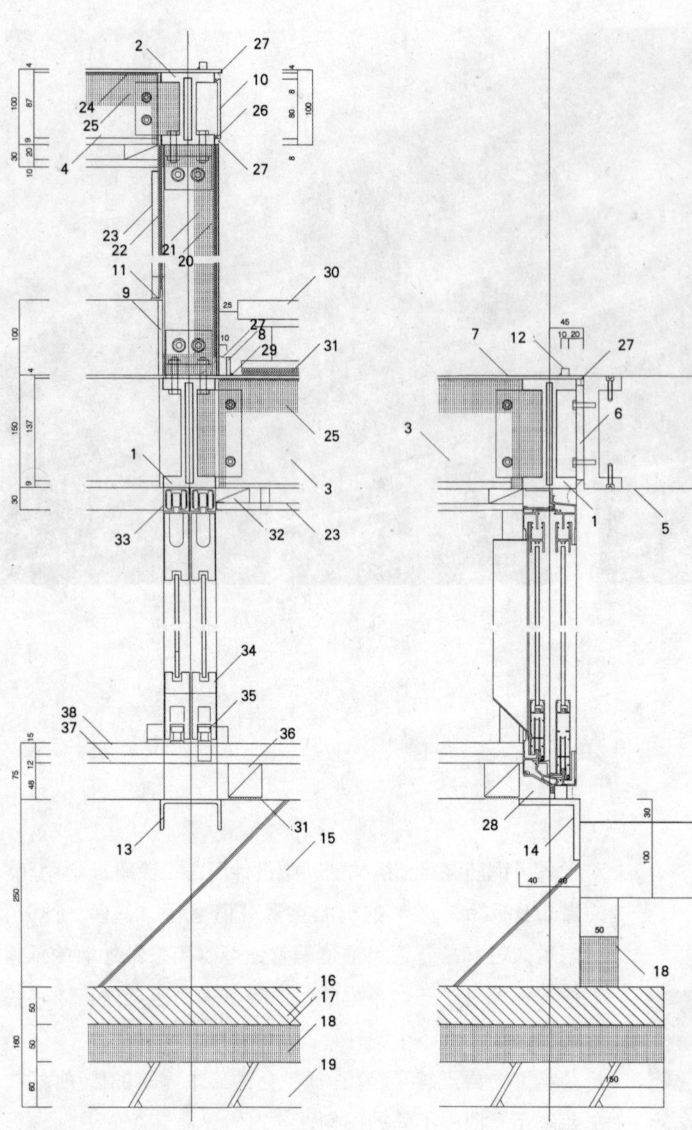

墙体竖向断面

1 梁，146mm×70mm×6mm ～ 6mm×15mm
2 梁，96mm×70mm×6mm ～ 6mm×12mm
3 肋，146mm×6mm×9mm
4 肋，96mm×6mm×9mm
5 棚架：扁铝，150mm×15mm，中距 300mm
6 扁铝：125mm×10mm
7 铝肋板，4mm 厚，聚氨酯涂层
8 扁铝，35mm×5mm
9 收边，100mm×6mm
10 收边，4mm 厚
11 角铝，15mm×15mm×3mm
12 披水，铝条，10mm×10mm
13 横向不锈钢槽钢，80mm×40mm×5mm×4.5mm
14 竖向不锈钢角钢，80mm×80mm×8mm
15 钢筋混凝土基础，250mm 厚
16 细石混凝土，50mm 厚
17 聚乙烯防潮层
18 保温层，50mm 厚
19 碎砖石，60mm 厚
20 橡胶垫，3mm 厚，用于减震
21 苯酚树脂涂层，30mm 厚
22 氯丁橡胶密封条，5mm 厚
23 石膏板，9mm 厚，PVC 树脂磁漆涂层
24 橡胶垫，3mm 厚，用于减震
25 苯酚树脂涂层，4.5mm 厚
26 氯丁橡胶密封条
27 密封条
28 砂浆填缝
29 焊缝
30 预制钢筋混凝土铺面板，25mm 厚
31 橡胶填充块，10mm 厚
32 顶棚木龙骨，45mm×20mm
33 推拉门滑轨，34mm×31mm
34 玻璃门：云杉框，32mm 厚
35 推拉门滑轨
36 楼板托梁，45mm×45mm
37 胶合板衬背
38 地面，15mm 厚

墙体水平向断面

1 墙体框料：铝制，300mm 宽
2 墙边框：铝制，190mm 宽
3 柱芯：铝制，62mm×62mm×7mm
4 柱套（带有直槽的窗框）：铝制，70mm×70mm×2mm+70mm×15mm
5 聚氨酯涂层，30mm 厚
6 石膏板：12.5mm 厚，PVC 树脂磁漆涂层
7 铝门
8 带有直槽的预制窗框，双槽
9 角铝，20mm×20mm×3mm
10 氯丁橡胶垫，2mm 厚
11 氯丁橡胶衬垫
12 氯丁橡胶垫，3mm 厚
13 氯丁橡胶垫，5mm 厚
14 密封条

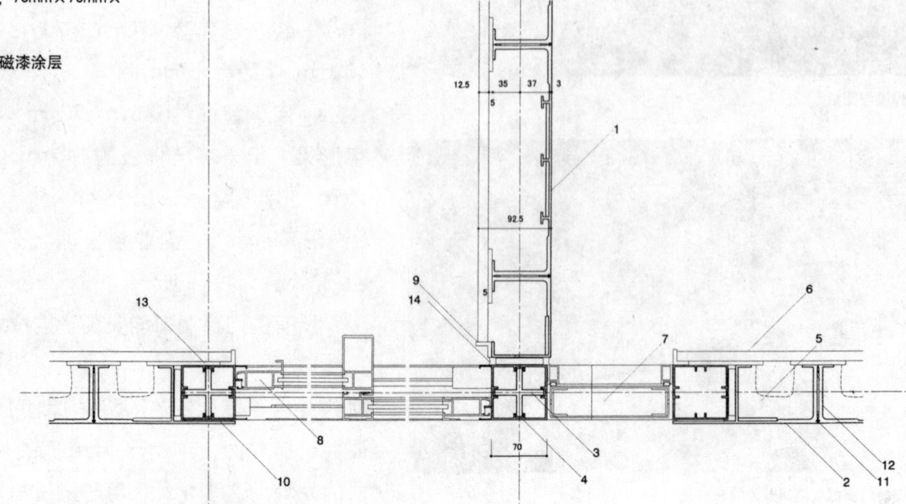

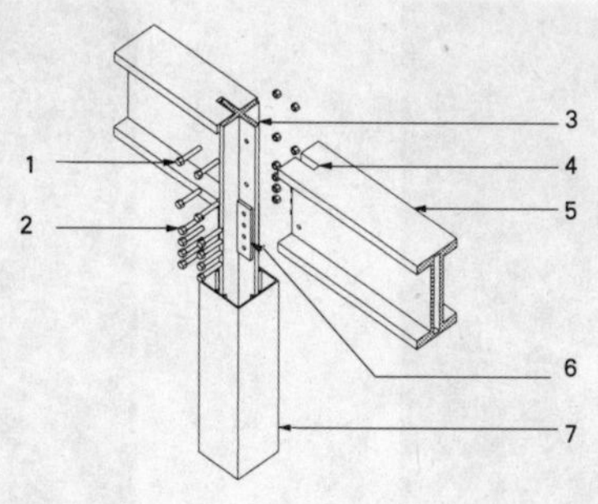

梁柱节点
1 不锈钢螺栓，2 No.M6
2 不锈钢螺栓，4 No.M6
3 柱芯，62mm×62mm×7mm
4 凹槽
5 梁，146mm×70mm×6mm ~ 6mm×15mm
6 梁托：扁钢，90mm×23.5mm×4mm
7 柱套：70mm×70mm×2mm

阳光室顶棚

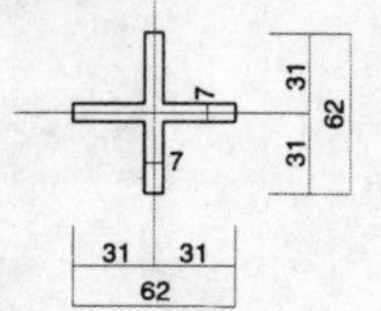

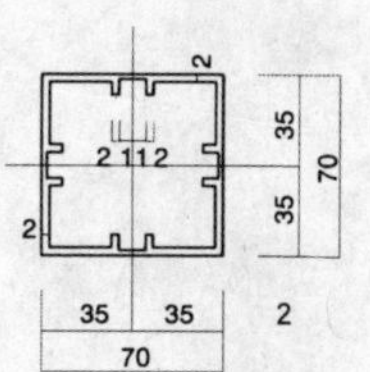

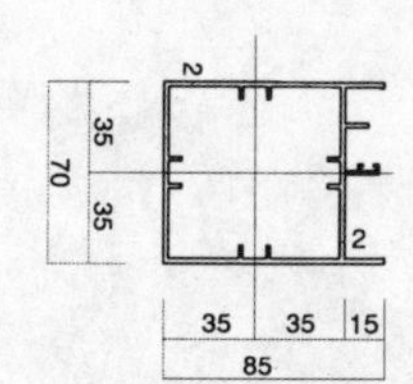

各种铝制构件细部
1 柱芯，62mm×62mm×7mm，A7003S–T5
2 柱套（窗框）：70mm×70mm×2mm，A6063S–T5
3 墙体骨架构件，w=300，A6063S–T5
4 梁（二层），146mm×70mm×6mm ~ 6mm×15mm，A6N01S–T5
5 龙骨（二层），146mm×70mm×6mm×9mm，A5083S–H112

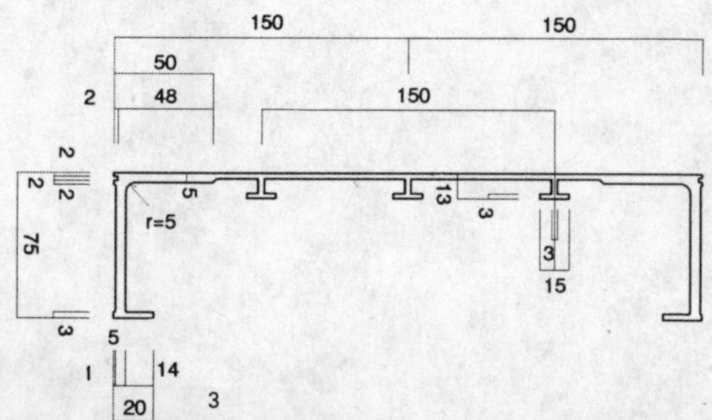

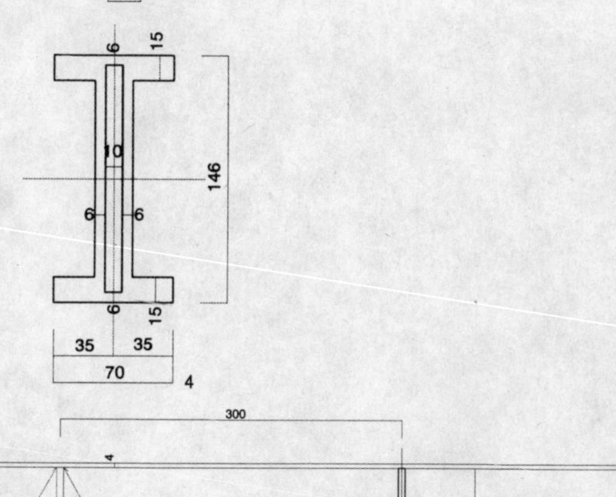

个 T 形小龙骨是为了提高板面刚度和固定减震橡胶膜而采用的。外墙墙板采用聚氨酯作保温层。板与板之间采用氯丁橡胶和衬垫的嵌缝做法。板面外表面的保护层采用了 PVC 树脂涂层，而内表面则采用了苯酚树脂涂层做保护层。板内皮有多种面层处理方法：可采用喷涂做法，也可采用木装修做法。用于屋面的 A5083S–H112 AS 119A 型铝板采用了聚氨酯喷涂面层。

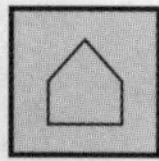
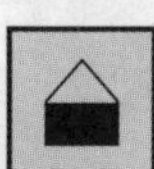
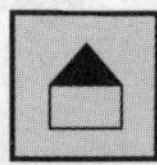

地址：　Sakurajosui，世田谷区，东京，日本
建筑师：　伊东丰雄事务所
委托人：　私人委托
顾问工程师：　Oak Structural Design Office（结构）；
Kawaguchi Mechanical Engineering（设备）
施工时间：　1997 ~ 2000 年
铝制构件：　二层及屋顶焊接肋板：铝 A5083S–H112 AS110A；
梁：铝 A6N01S–T5 AS175；墙体面层、挤压成形板、柱套：铝 A6063S–T5 AS210；
柱：铝 A7003S–T5 AS210
制造商：　Sky Aluminium Company（焊接铝肋板）；
Showa Aluminium Corporation（挤压成形铝件）

东立面夜景

入口细部

东立面

柯尼希泽德住宅

鲍姆加滕堡，奥地利

赫尔穆特 · 里希特

室内景

设计：整个工程是从一位医生的独栋住宅开始着手的，这栋住宅（KÖNIGSEDER HOUSE）位于奥地利林茨附近的一个小镇上。从平面来看，加建部分是给普通内科执业医师设计的门诊治疗室和药房。将原有住宅东立面上的壁画保留下来也是建筑师的其中一个设计意图。如今这个壁画成为候诊室的室内装饰。这个新建筑极富表现力的造型与原有住宅平和、谦逊、简约的风格并置在一起，但又相互融合成为一体。这一极度张扬的形式来自于结构体系本身以及不同立面的材质变化。门诊入口位于新老建筑的交接处。从门厅到候诊厅，空间在不断地发生着变化，它们构成了一条流畅的过渡序列，这种感觉来自于不同直线和曲线的穿插效果，此外，窗外的景观、进入室内的光线以及家具的设计和摆位都在进一步地强化着这种感受。建筑元素之间的相互作用，诸如斜窗、弧形屋顶、巨大的镜子、色彩以及占主导地位的光线效果（不论人工照明还是自然天光）等，共同造就出一个十分复杂的空间序列。长长的走廊引导病人进入大门——经过药房——来到接诊台；由此病人可顺着接诊台进入候诊厅。所有的细节，从散热器的摆位到胶合条板形成的韵律以及照明装置所构成的线条等，都在强化着室内的导向性：引导着病人直接走到医生的诊室中。

在室内，所有的元素共同塑造了一个十分流畅的过渡序列

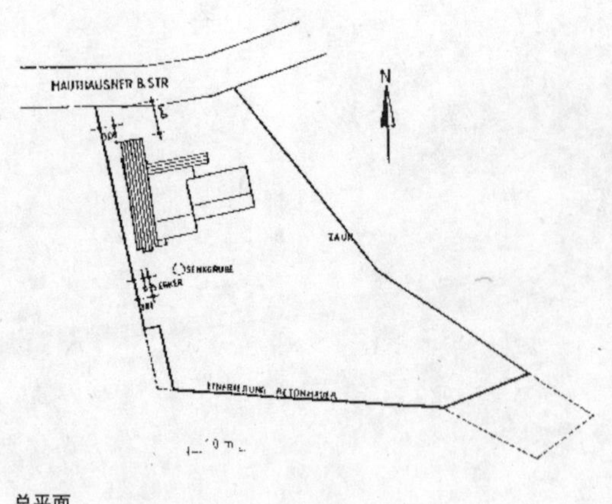

总平面

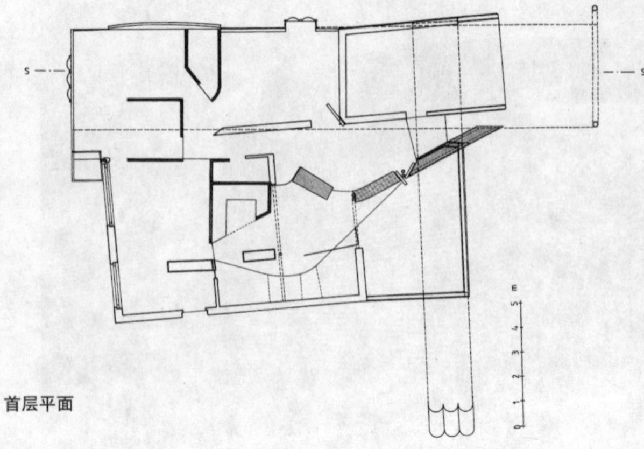
首层平面

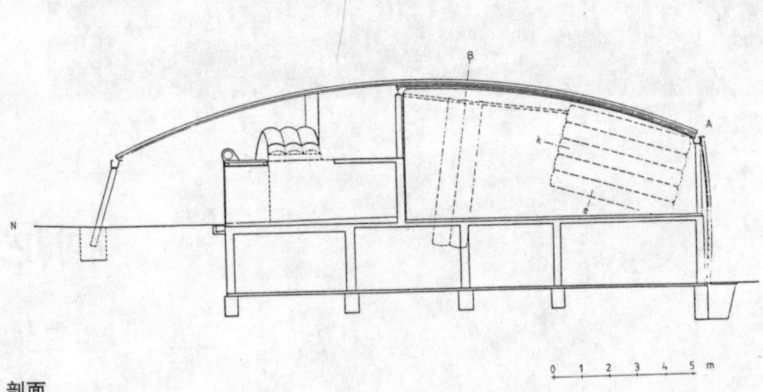
剖面

构造：两片抛物线形的外壳之间的摆位呈 90° 夹角，它们构成了一个大跨结构把北侧和东侧的原有建筑包盖起来，这样一来，篷盖下又形成了一个进入住宅和门诊部的新入口。从马路上看，铝壳体的结构体系（斜柱）在突出入口的同时也象征性地说明了它的结构法则。车库位于上层壳体之下；下层壳体则插入这个出挑结构的下方。红色的表皮使得这两个壳体之间取得了相互呼应。非承重墙采用木龙骨，墙面则采用奥古曼胶合板（okoumé plywood）。

Para 壳体与瓦楞板的节点构造

材料：铝决定了这个附属建筑的特性。瓦楞板和壳体沿纵轴展开，在立面上形成了两种完全不同的韵律。水平壳体表达出一种向前的动势，而其上方的纵向壳体则给人一种相对后退的感觉。对于这个民用设施而言，这个 Para 结构体系中的构件是可以被回收利用的。这一自重轻的 Para 壳体结构方案是由工程师 F· 拉加勒（F.Ragailler）提出的。壳体呈弧形，大弧半径为 21m，小弧半径为 325mm。将壳体做成飞机库屋顶的样子（跨度 22 ~ 28m 的屋面可承载高达 2.5kN/m^2 的荷载）是为了发挥它的承重作用，不过最主要的还是出于它所具有的那种表现力的考虑。

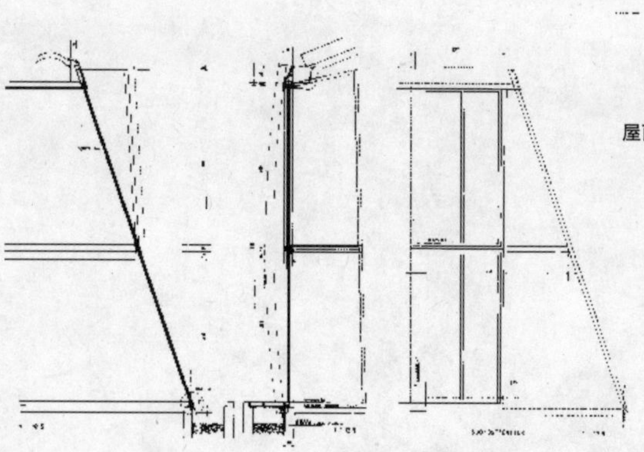

屋面及门头断面图

屋面与墙体交接处轴测图

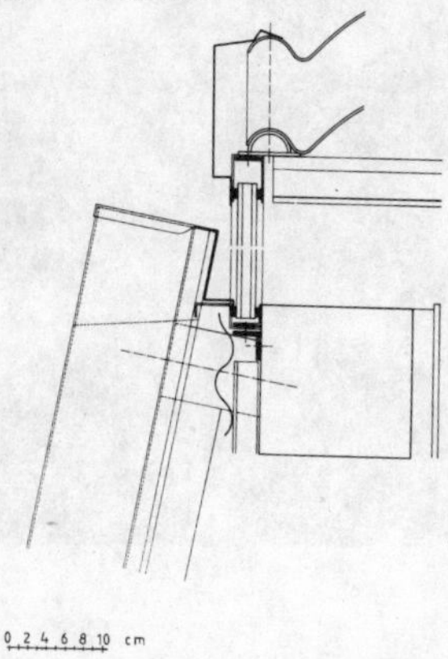

0 2 4 6 8 10 cm

门头节点

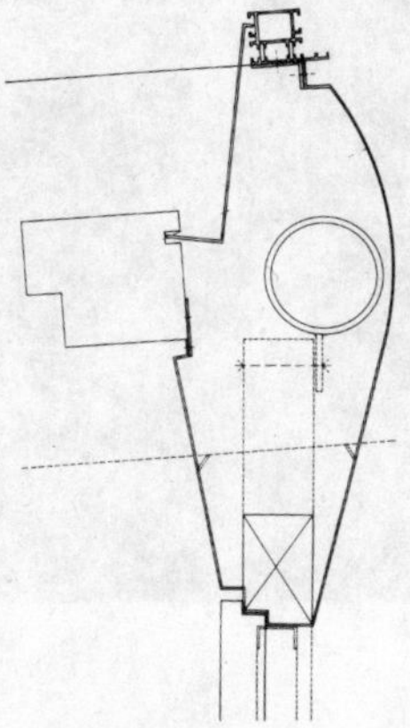

铝墙的安装

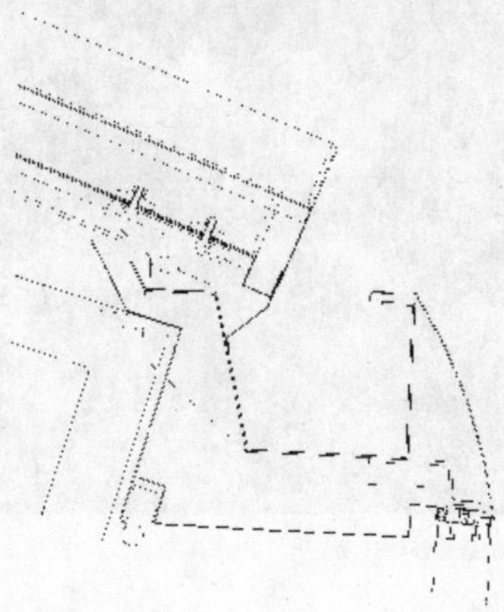

檐沟节点

抛物线形壳体与瓦楞板之间的节点构造

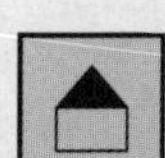

地址：　　鲍姆加滕堡，奥地利

建筑师：　　赫尔穆特 · 里希特

委托人：　　私人委托

施工时间：　　1977 ~ 1980 年

铝制构件：　　壳体，大弧半径 21m，小弧半径 0.325m，弧高 137mm，
壳体单元宽度 610mm；两片外壳的传热系数 U=0.46W/$(m^2 \cdot K)$

制造商：　　Para

扩建体整体外观

北立面

入口及大露台。卫生间对面的新窗户也是用铝做的。照片摄于施工中

齐塔 · 克恩扩建体

拉斯多夫，奥地利
ARTEC 事务所

设计：该工程（ANNEX FOR ZITA KERN）位于马希费尔德区（Marchfeld），靠近维也纳东郊的地方。它位于一组农业建筑群中，该扩建体上独特的铝制几何造型与老农场斑驳的屋顶景观形成了鲜明的对比。屋主齐塔 · 克恩（Zita Kern）不仅是农场的经营者，同时也从事着文学研究。因此，该工程的目的就是建一个大书房。此外，在原有设施的基础上还要增加一个大浴室、一个锅炉房和一个库房，而最重要的则是加出一个入口大厅。屋主希望书房要在农场环境中显得卓尔不群，并且要求建筑师优先考虑用一间旧牛棚来做文章。这是一个急需翻新的牛棚，由于屋顶随时都有坍塌的危险，因此不得不拆掉。从砖墙面上还可以看出大幅沉降的痕迹。工程完工后，新建筑在局部利用了原有的墙体，这些保留下来的墙体构成了新建筑的基础结构。书房位于首层。尽管它与农场紧密相连，但又显得别具一格。（建筑师）采用了一个非常简单的手法就让这个文学王国从整个农耕世界中凸显出来。新屋顶下方的空间可以通过活动隔断进行灵活划分，屋顶是一个"水晶体"的造型，使得它在周边屋顶景观中脱颖而出。它有两个窄窄的、倾角相对的斜面横跨在最小的跨度方向上。在南侧和东南侧各有一个突兀的相交斜面。通往新体块的楼梯是一个非常明确的独立体块。它位于原有建筑的外侧，将新体块与农场衔接在一起。

粗糙与平滑、大地与天空的对比

屋面与墙体的交接点：外墙采用抛光铝板，
屋顶采用压型铝板

浴室位于原有建筑的两道墙体之间。光线从屋顶上的一个长条形的洞口射入室内，屋面上可蓄存 20mm 深的雨水，并借助水的反射和折射来改变进入室内的光线。通过推拉门和平开门可以分别走到两个铺有木条板的露台上。这两个露台将新屋顶和原有建筑整合为一体，并将书房空间延续到了室外，（建筑师）将一个典型的城市设计手法（urban relationship）引入到这个乡村环境中。锅炉房和库房都设在地下。

构造：砖墙被有选择地保留下来，又根据需要采用钢筋混凝土、锚固件或是窗间墙对其端头进行了加固。并以此为基础搭建起两层楼面。其中的一层采用了钢筋混凝土楼板，它既是浴室的顶板，又是入口门廊的屋盖，同时还承托着那个大露台。另外，它还与位于其下方的木横梁联系起来。另一块楼板则悬挑在南墙之外（楼梯上方），用新木梁做支撑，木梁则搭在旧牛棚拱形顶棚顶部的工字钢上，这块楼板承受着书房的荷载。而新屋顶则采用木梁架做支撑。

材料：外饰面采用了 8mm 厚的白杨木胶合板，其表面钉有竖向木龙骨，因此能够形成通风腔。2mm 厚的抛光铝板被固定在这些木龙骨上。一块标准尺寸的铝板（1500mm × 3000mm）只需两个工人就可轻轻松松地把它立起来。所有的铝制构件、铝方板、梯形铝板、窗框以及烟囱都是直接用抛光铝做的，而没有采用任何其他的表面处理方法。抛光铝可以反射出变换的天光和四季的色彩。外墙和室内饰面（浴室、淋浴间，推拉门滑轨等）采用了 2mm 厚金属本色的阳极氧化铝板。铝制推拉门及平开门采用了 Alusuisse 品牌的产品。

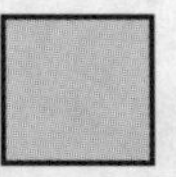

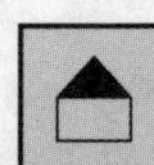

地址：	拉斯多夫，奥地利
建筑师：	ARTEC Architekten–Bettina Götz，Richard Manahl，Maria Kirchweger（助理）
委托人：	Zita Kern，拉斯多夫
结构工程师：	Oskar Graf，维也纳
施工时间：	1997 ~ 1998 年
铝制构件：	内外饰面：平板及梯形铝板
铝板：	Alusuisse 产品；门：Alusuisse 品牌产品
制造商：	Alusuisse

透过“Antisun”调光玻璃看外面的大露台

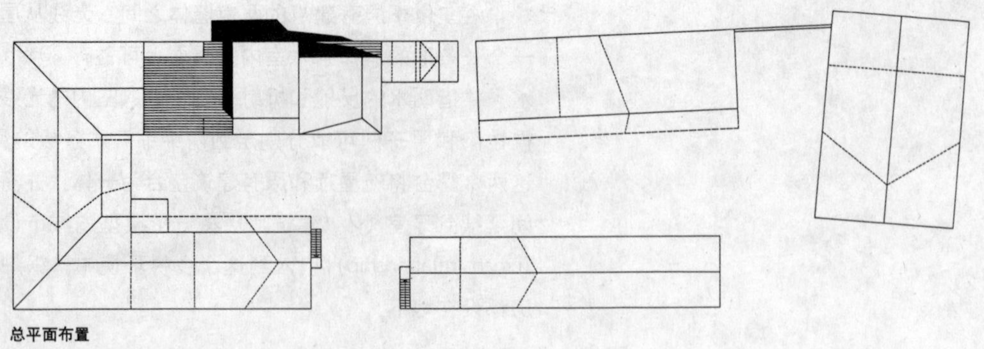

总平面布置

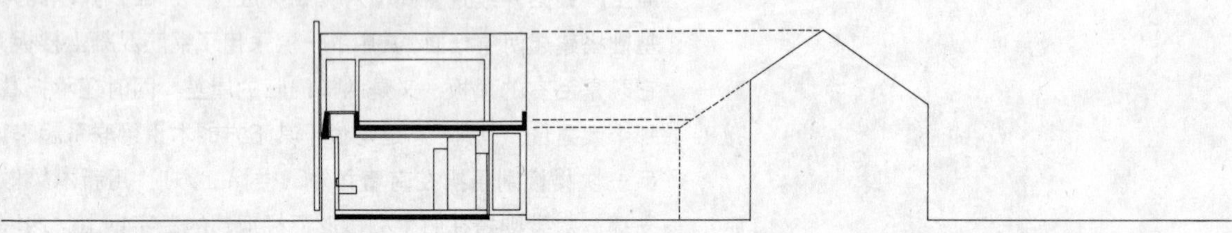

浴室及大平台剖面

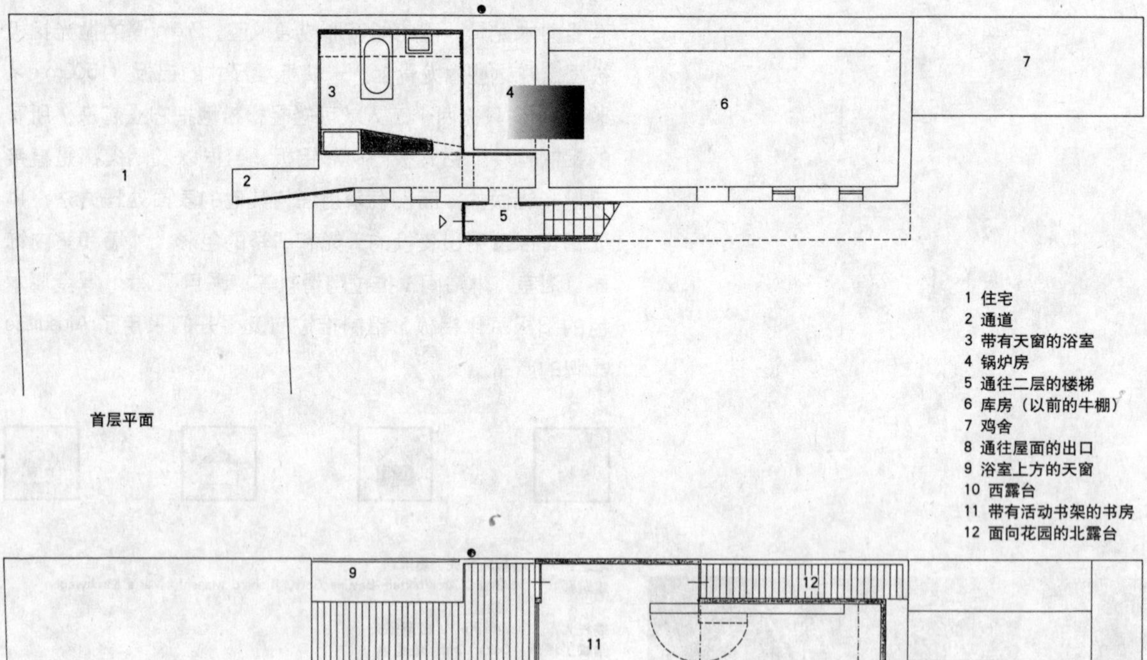

首层平面

1 住宅
2 通道
3 带有天窗的浴室
4 锅炉房
5 通往二层的楼梯
6 库房（以前的牛棚）
7 鸡舍
8 通往屋面的出口
9 浴室上方的天窗
10 西露台
11 带有活动书架的书房
12 面向花园的北露台

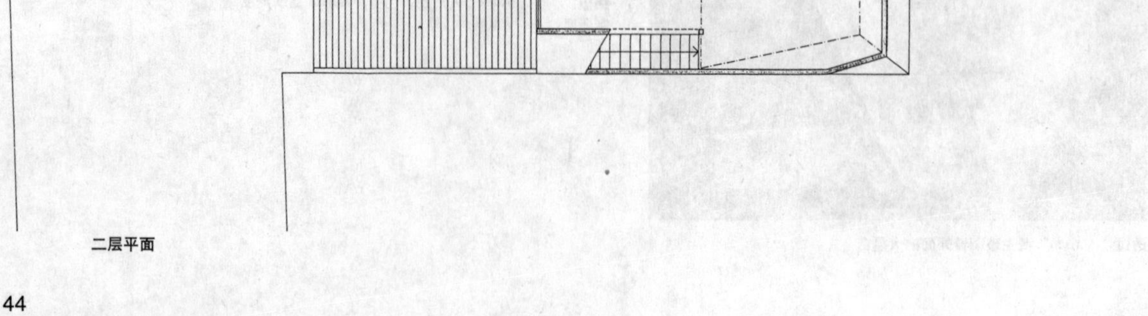

二层平面

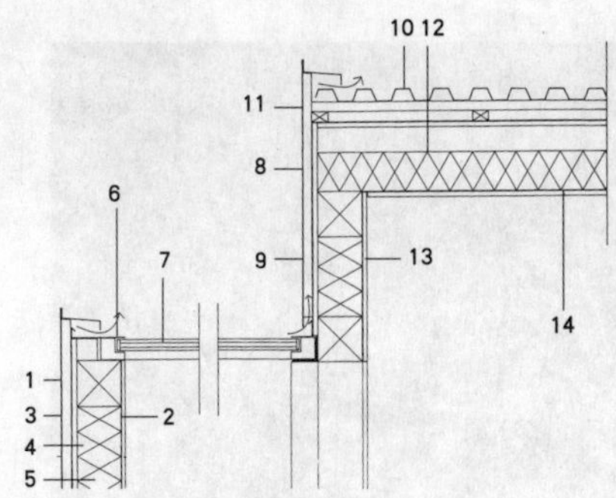

屋顶与楼梯上方"Antisun"调光玻璃的节点构造
1 铝饰面
2 白杨木胶合板
3 空腔
4 木纤维板
5 木龙骨
6 铝皮盖子
7 调光玻璃（Parsol® 绿）
8 铝饰面
9 空腔
10 梯形断面铝板
11 木纤维板
12 木龙骨
13 白杨木胶合板
14 白杨木胶合板

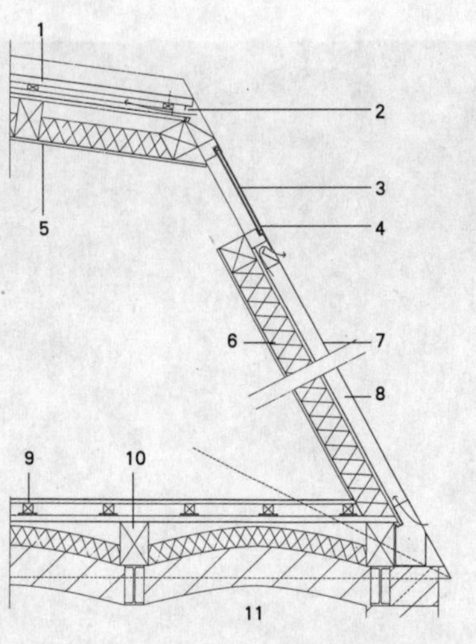

建筑东侧外墙断面。原有建筑（砖墙、砖拱楼板）与新加建部分（木框、铝饰面：墙面采用铝平板，屋顶采用梯形断面的铝板）的节点构造
1 梯形断面铝板
2 空腔
3 木龙骨
4 调光玻璃（Parsol® 绿）
5 木纤维板
6 白杨木胶合板
7 铝饰面
8 空腔
9 木框
10 新增木框
11 原有的砖拱楼板

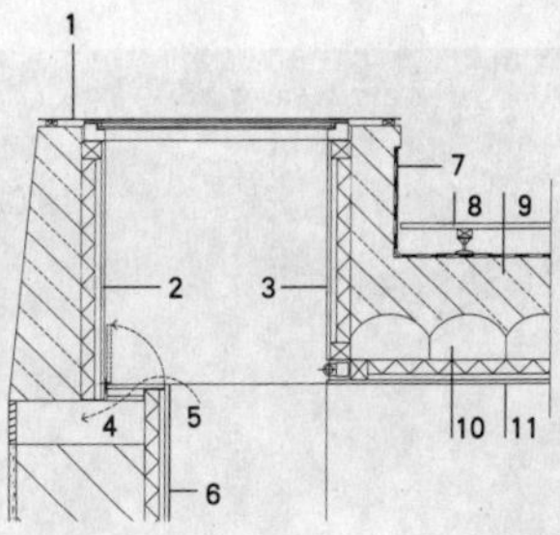

浴室通风和采光天窗节点构造
1 铝皮盖子
2 白杨木胶合板
3 白杨木胶合板
4 风口盖片
5 镜子
6 橡胶保护层
7 铝饰面
8 木条板（松木）
9 新浇注的钢筋混凝土板
10 原有的木结构（榫卯结构的木梁）
11 白杨木胶合板

浴室室内

建筑全景

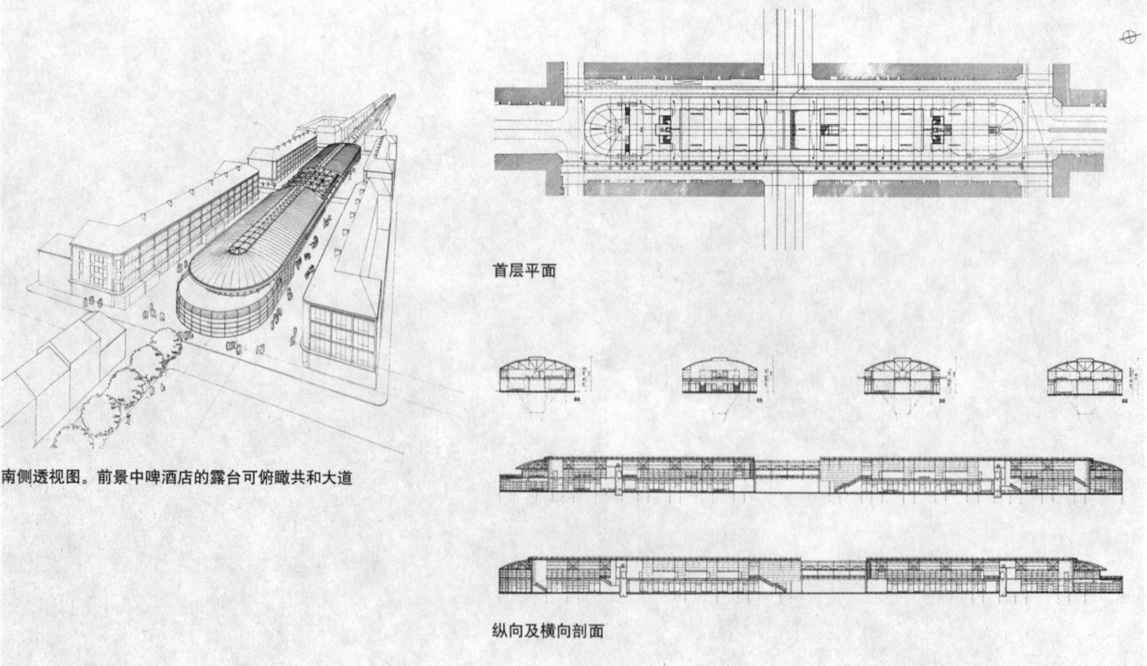

南侧透视图。前景中啤酒店的露台可俯瞰共和大道

首层平面

纵向及横向剖面

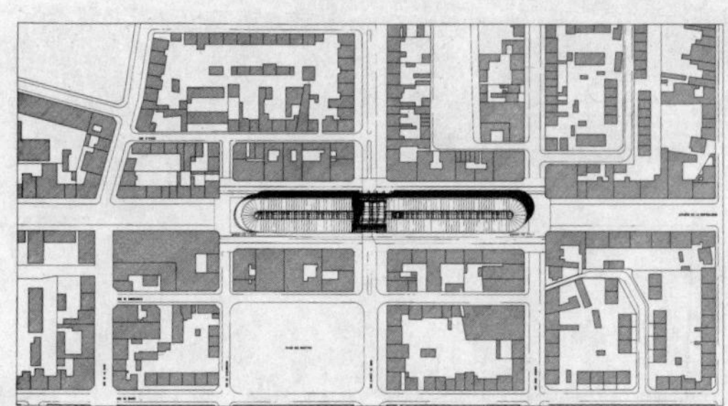

区位图。这个“邮轮”的造型完美地嵌入市中心之中

商业中心—“邮轮”

圣纳泽尔，法国
克罗德 · 瓦斯科尼

设计：这座好似邮轮（法语为“paquebot”）一般的建筑位于法国大西洋海岸线上的Sainte-Nazaire市，这里的造船厂举世闻名。建筑就坐落于Stalingrad大街与Jaurès大街之间的一段路幅加宽的共和大道上。1944年这个城镇被完全摧毁，但在20世纪50年代又得到了重建。可以说这个身披甲胄的建筑是更大规模的镇中心复兴工程的组成部分，建筑的总长为230m。内部设有商店、办公、一个多功能厅以及诸多休闲娱乐设施（如保龄球道等）。本工程公认的目标就是复兴零售业，鼓励它们重回市中心，并将零售业向市郊移迁的趋势扭转过来。这个综合体由两个体块构成，但又借助其外形和屋顶将二者整合起来。位于共和大道和Albert de Mun大街交叉点处的市民广场将这两个体块分隔开来。而广场上方的人行天桥又使得建筑在视觉上被连接起来。首层全都是商店，而且商店全都开向东西两侧的街道。这个邮轮的两端呈半圆形，对于公交车而言，绕行起来会非常方便。二层可经由Albert de Mun大街的中央楼梯通达，楼梯直通人行天桥和办公区，此外设在横穿建筑的通道里的楼梯和电梯也可以通至二层。南侧半圆形体块之内是一间酒馆／啤酒屋，二层设有室外露台，可由首层直接上来，也可经多功能厅走进来。在北侧的体块中，办公室沿中央通道一字排开。这个通道由两条室外步行道组成，步道可直通Albert de Mun广场上的人行天桥。

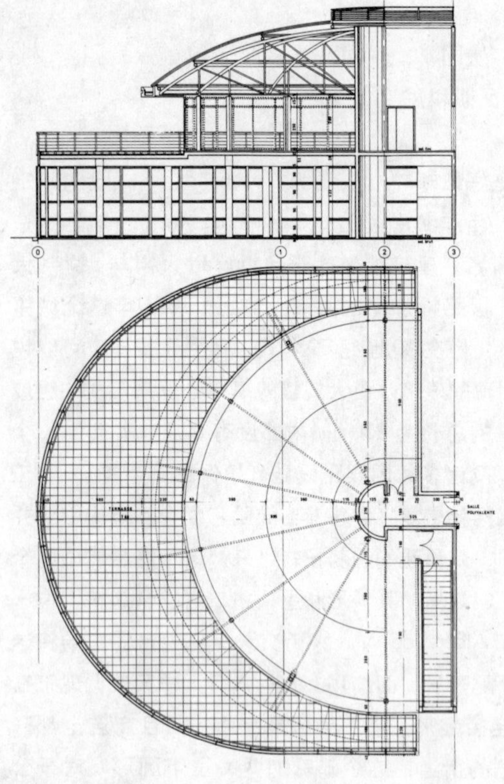

露台侧立面及平面

构造：所有露在外面的承重结构都用金属圆管构成。屋顶的拱形桁架支撑在金属方管组成的双柱柱廊上，柱高3.35m，柱距19.80m，纵向有三种开间尺寸：7.20m、3.60m以及5.40m。屋顶桁架及檩条均由圆管构成。首层的圆柱高3.85m，纵向开间尺寸同上。而横向开间为7.2m、5.4m及7.2m，这是为了便于承托对中距离为800mm的二层楼板梁。

材料：不仅要创造出一个巨大的围合空间而且还要在外观上显得轻盈通透，正是这样的需求最终决定全部用铝来建造整个建筑。"邮轮"最突出的一个元素就是采用本色（如浅灰色）阳极氧化铝板饰面的屋顶，它与周边深灰色石板瓦屋面发生着有趣的对话。这些铝板的半径为13m，它们是在工厂里事先加工成弧形之后再运到工地上的。屋顶是由铝板、保温层以及保温层之下的保护层所构成，保温层与保护层之间还设有空气层。这样的构造对于掉落在屋顶上雨点和冰雹所产生的噼啪声能起到一定程度的隔绝作用。位于通风排烟口之上的拱形玻璃顶棚给建筑内部的街道提供了天光照明。二层外墙采用了夹芯铝板，用以延续

铝板屋面与周边的石板瓦屋面进行着对话

Albert de Mun 广场内景：圆管构成的屋顶桁架以及夹芯铝板外墙

屋顶的铝板做法。通过材料和色彩（包括弧形铝板以及人行天桥和阳台）的运用使得屋顶和二层墙面在外观上成为一个整体。通道上方的顶棚也是铝制的。向内收进的首层让人觉得犹如二层的基座。建筑室内地面的铺装一直延续到步行区和通道处。

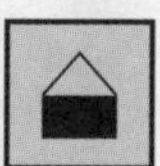
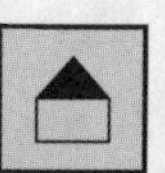

地址：　共和大道，圣纳泽尔，法国
建筑师：　克劳德 · 瓦斯科尼；Radu Vincenz，François Maignan（项目助理）
委托人：　Saint–Mazaire Municipal Authority，G31，Socafim Ouest；Sonadev（项目管理）
结构工程师：　Léon Petroff
监理：　Socotec
施工时间：　1987 ~ 1989 年
铝制构件：　屋顶覆盖铝板，本色氧化
制造商：　Durand Structure（立面和金属板）

室内

MABEG 公司总部

索斯特，德国
尼古拉斯 · 格里姆肖事务所

外观

设计：这个办公楼坐落在MABEG公司位于一个工业区内的用地上，该工业区地处德国北部并与通向索斯特（Soest）东南部地区的B475号主干道相平行。MABEG公司是一个生产道路设施、信息系统以及信号显示装置的公司。该公司凭借其在高准确度、优质的客户服务以及不断创新等方面的孜孜以求而赢得了国际声誉。因此，（业主）要求这个建筑综合体要能表现出他们对品牌的这种关注，这一品牌的树立是MABEG公司与众多杰出设计师的长期合作的结果。由于以前缺少明确的规划，因此该用地长期以来一直为人们所忽视，再加之希望新建筑能够成为该地块上的焦点，因此建筑造型就必须具有一定的表现力，能让人们产生一种恒久的感觉。此外，建筑在媒体的眼中还要能够成为公司的商标。业主提出，工作环境要开敞、亲切、明亮，尽可能利用自然光。最初的可行性研究表明，除了要在这里建起一座行政办公楼和展示设施之外，还要对公司的发展进程进行一次彻底的反思。因此要求该建筑能够满足多种重要功能的使用要求，如：管理、销售、营销以及配给等。此外，还要设计一些会议室和展示厅。

从设计的角度来看，周边建筑都是非常简单的厂房，因此MABEG公司办公楼仅凭高度就成为用地上的中心参照点和统揽全局的要素。首层架空造就了功能和美学的双重优势。架空的区域可以用来停放车辆，特别是停放发货车，这样一来，在这块非常局促的用地上就可以让出很多有价值的空间。这个停车区的照明来自于二层楼板下方四个转角处的红色告警灯。来访者可以站在铝制楼梯上统观整个工业园区的全景。由该交通核可以通达上层的两个楼面，交通核外墙的涂料则采用了 MABEG 公司专用的蓝色。

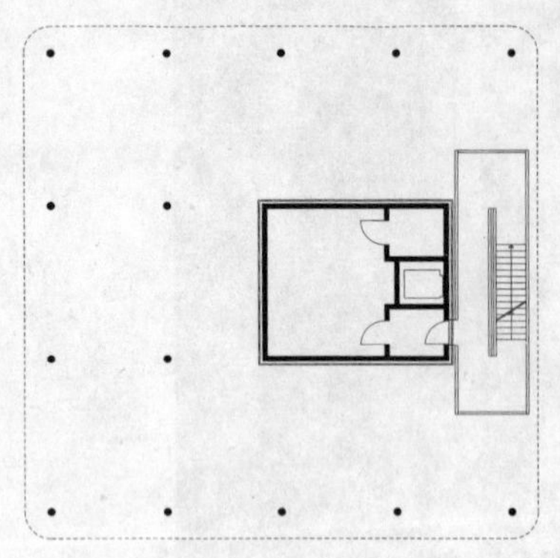

首层平面

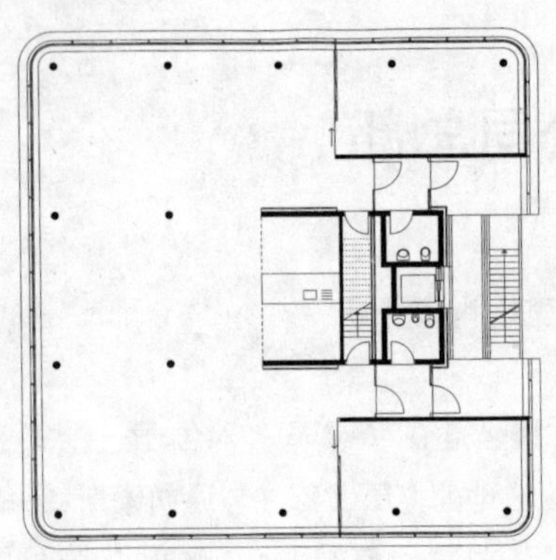

二层平面

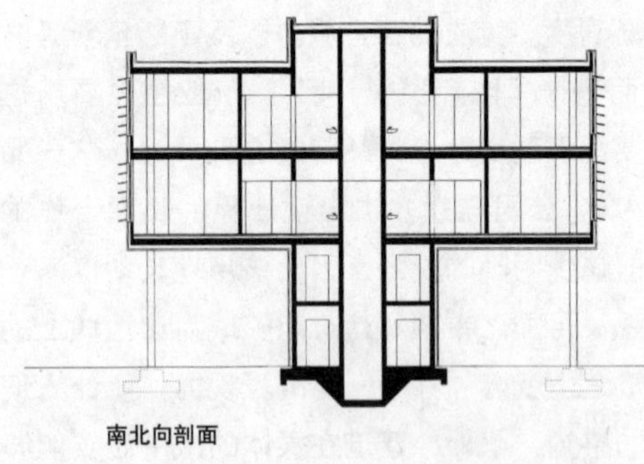

南北向剖面

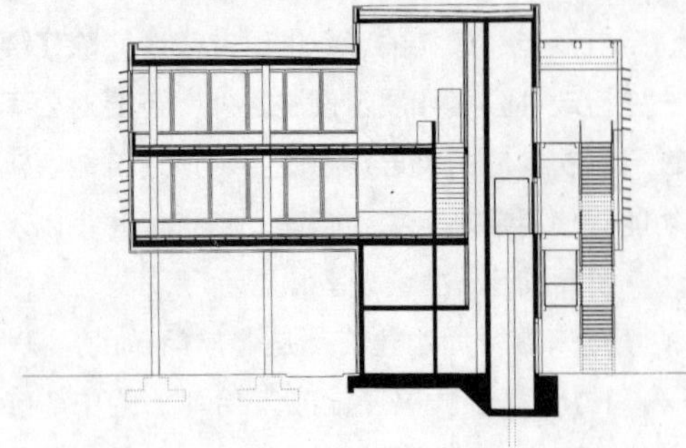

东西向剖面

构造：MABEG 公司办公楼采用了混凝土元素和金属元素。南北向柱距为 6m，东西向柱距为 4.5m。采用后者柱距是为了方便车辆通行的考虑。钢筋混凝土圆柱支撑着二层楼板，柱高 5m。二层以上的楼层层高为 3.5m，净高 3m。伺服交通核采用 200mm 厚的钢筋混凝土承重墙，它与梁柱一起共同构成了该建筑的承重体系。

材料：立面采用了银色（RAL 9006）18/76mm 铝制瓦楞板（弧形铝板用在建筑的转角处），铝板固定在竖向的铝制龙骨上，2.6m 高的水平带形窗打破了铝板外墙，窗外装有穿孔遮阳板。钢筋混凝土承重墙厚 120mm，此外还设有 100mm 厚的保温层。转角窗外的遮阳板是为该工程特别设计和加工的。其构件的外形是 1/4 个圆。清水混凝土楼面局部采用了白色的穿孔石膏板，也因此改善了一些办公区和展示区的声学效果。楼板上采用了有助于降低噪声的灰色地毯，厨房和交通空间则使用了黑色的橡胶地面。室外楼梯的上方是一个玻璃顶，其中用到的铝构件都是"成品件"。楼梯最下面的梯段可以像吊桥那样通过一个简单的拉索装置就可以将它拉起来，这样一来，人去楼空的时候就可以防止无关人员进入楼内。

   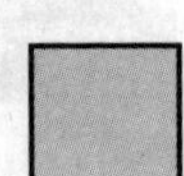

地址：	索斯特，德国
建筑师：	尼古拉斯·格里姆肖事务所 Nicholas Grimshaw and Michael Pross（柏林）； Thomas Deuble，Helle Schröder（设计组）
委托人：	MABEG-Kreuschner GmbH&Co.KG
结构工程师：	Specht，Kalleja&Partner，柏林
室内装修：	Kühn Bauer Partner，柏林／慕尼黑
声学设计：	Bauphysik Müller BBM，柏林
施工时间：	1996～1999 年
铝制构件：	18mm×76mm 瓦楞铝板
铝制遮阳构件：	挤压成形件；外形：半径 200mm 及 15mm 的弧，4mm 厚
制造商：	Spagnol Luthi Associés SA，Renens，瑞士； Pechiney（铝立面及遮阳装配）

不同寻常的外墙饰面的灵感来自于卡车的水箱外罩

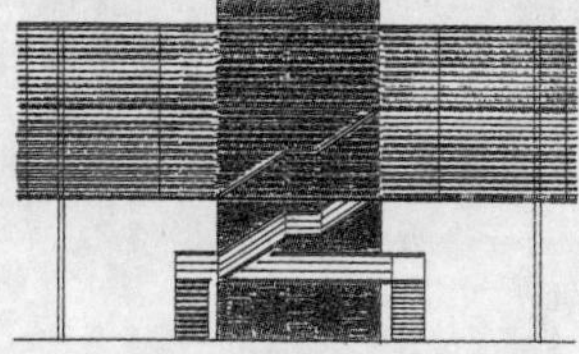

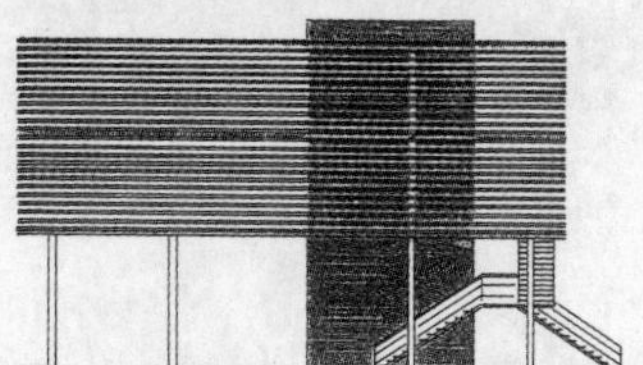

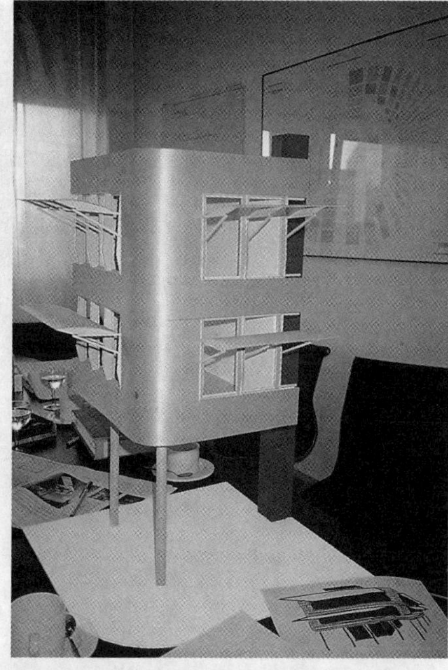

采用一个大尺度的建筑角部的模型来辅助细部设计

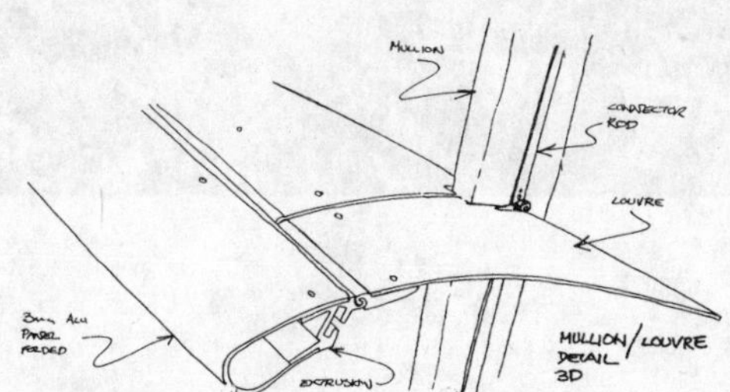

遮阳板透视，变化 1

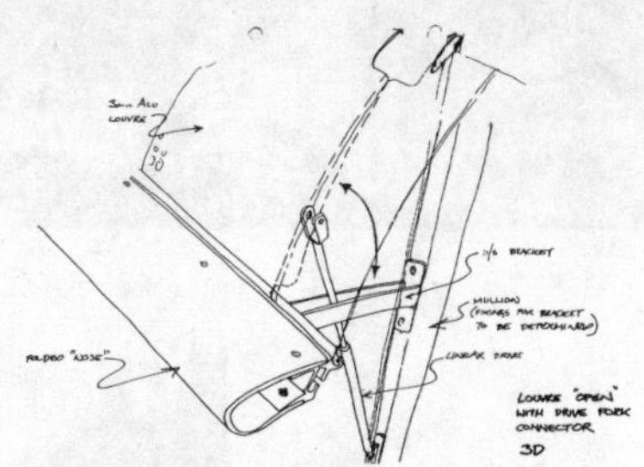

可动遮阳板透视（开启状态），变化 1

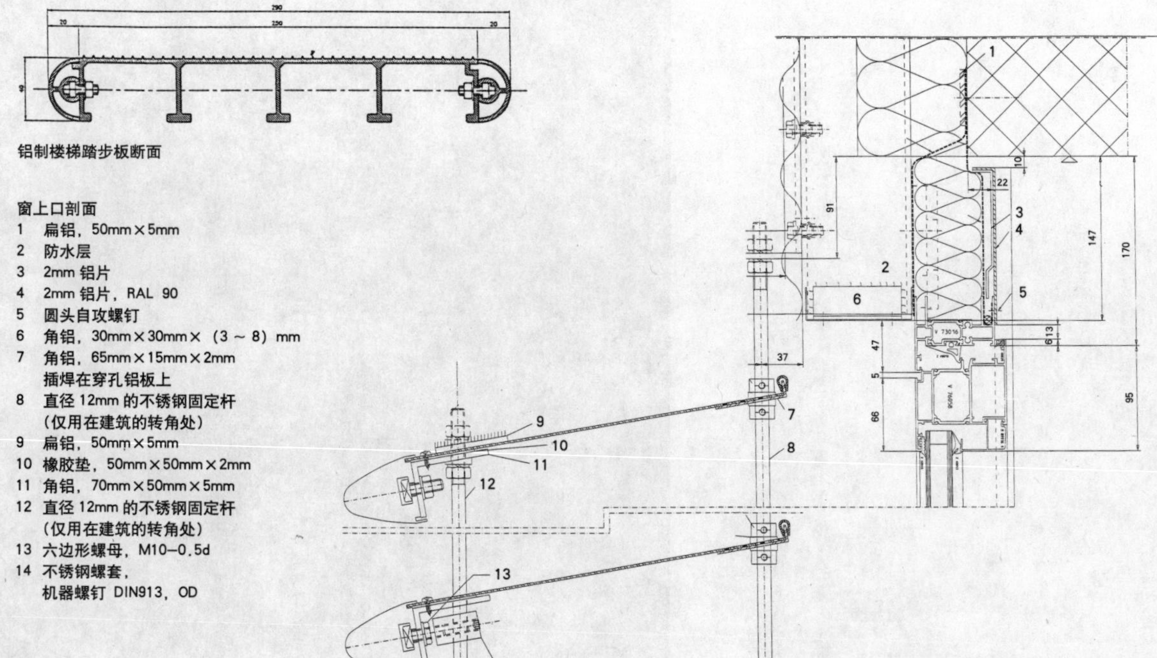

铝制楼梯踏步板断面

窗上口剖面
1 扁铝，50mm×5mm
2 防水层
3 2mm 铝片
4 2mm 铝片，RAL 90
5 圆头自攻螺钉
6 角铝，30mm×30mm×（3～8）mm
7 角铝，65mm×15mm×2mm 插焊在穿孔铝板上
8 直径 12mm 的不锈钢固定杆（仅用在建筑的转角处）
9 扁铝，50mm×5mm
10 橡胶垫，50mm×50mm×2mm
11 角铝，70mm×50mm×5mm
12 直径 12mm 的不锈钢固定杆（仅用在建筑的转角处）
13 六边形螺母，M10-0.5d
14 不锈钢螺套，机器螺钉 DIN913，OD

沿路透视

乡村台屋

岐阜县，日本

渡边诚

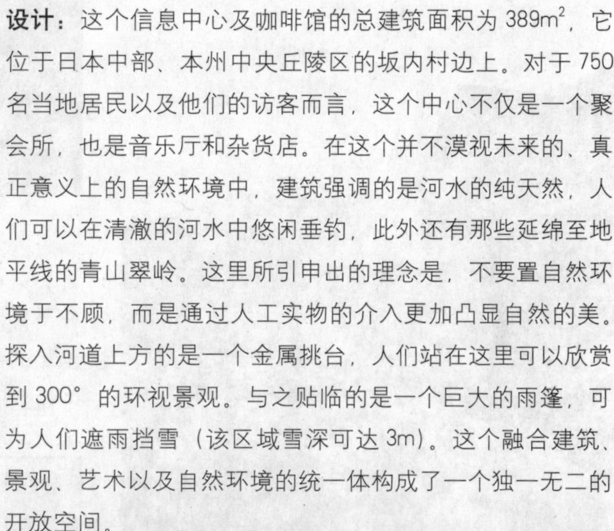

设计：这个信息中心及咖啡馆的总建筑面积为 389m^2，它位于日本中部、本州中央丘陵区的坂内村边上。对于 750 名当地居民以及他们的访客而言，这个中心不仅是一个聚会所，也是音乐厅和杂货店。在这个并不漠视未来的、真正意义上的自然环境中，建筑强调的是河水的纯天然，人们可以在清澈的河水中悠闲垂钓，此外还有那些延绵至地平线的青山翠岭。这里所引申出的理念是，不要置自然环境于不顾，而是通过人工实物的介入更加凸显自然的美。探入河道上方的是一个金属挑台，人们站在这里可以欣赏到 300° 的环视景观。与之贴临的是一个巨大的雨篷，可为人们遮雨挡雪（该区域雪深可达 3m）。这个融合建筑、景观、艺术以及自然环境的统一体构成了一个独一无二的开放空间。

夜幕下的小河

面向道路的立面由多种饰面材料构成，其简洁的立面即便对于那些乘车快速经过此地的人们而言，也同样会留下强烈的印象。面向河道的立面呈开敞之势，以迎接到访的客人。建筑的墙体和屋面处在不同的体面之上，彼此相互交叠，嬉戏于光影之间。在"波浪花园"(Wave Garden)里，大量的碳纤维棒构成了一个由发光二极管和太阳能电池组成的花束。

构造与材料：外墙采用了低价位的平板式夹芯保温铝板。这种铝板通常都是为厂房或者库房这类简洁方整的建筑所准备的。但是在这个建筑中，外墙铝板之间的拼接角度多

在这里所引申出的理念是，不要置自然环境于不顾，而是通过人工实物的介入更加凸显自然的美

种多样，有精确对接的也有彼此咬接的。这些细部构造对施工的精细程度要求很高，这也要求厂家在构件生产过程中做到同样的精细程度。

   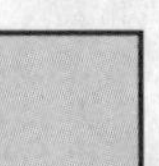

地址：　岐阜县，日本
建筑师：　渡边诚事务所
委托人：　Sakauchi-Mura Local Authority，岐阜县
施工时间：　1994 ~ 1995 年
铝制构件：　夹芯保温铝板
制造商：　Hunter Douglas Japan

室内景

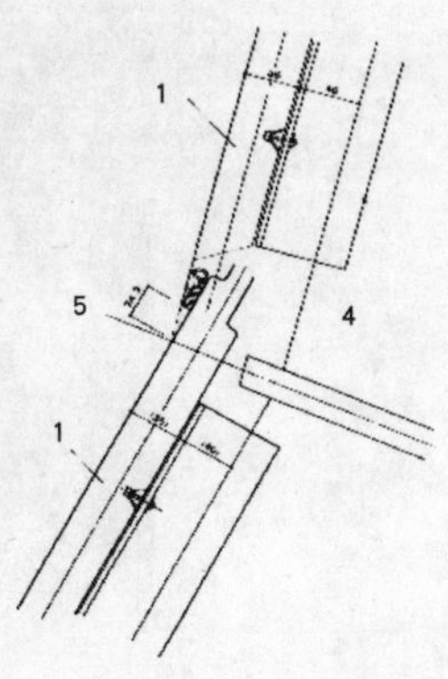

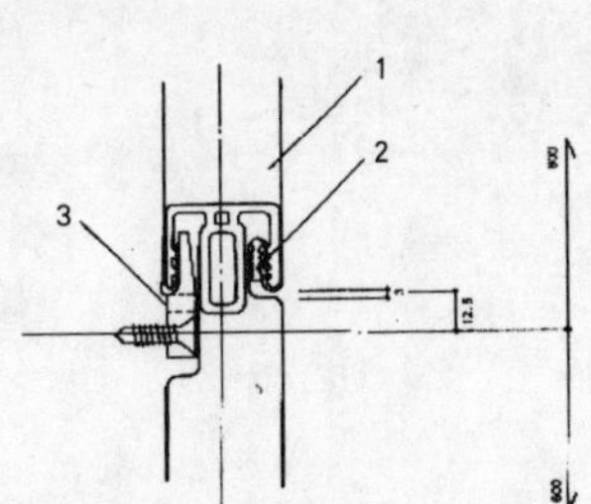

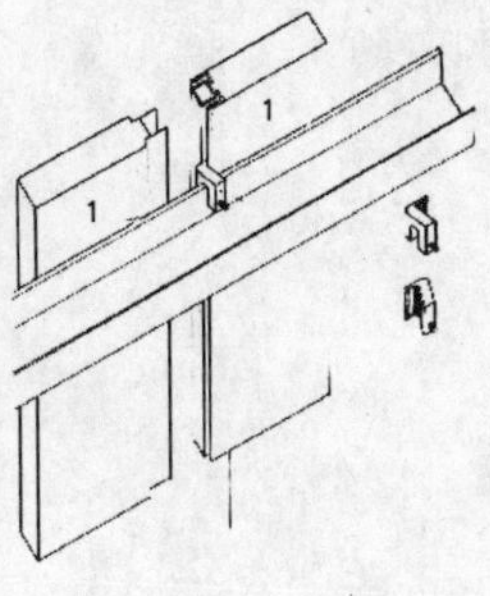

夹芯铝板安装细部
1　保温夹芯铝板
2　密封条
3　S 形卡子
4　室内
5　室外

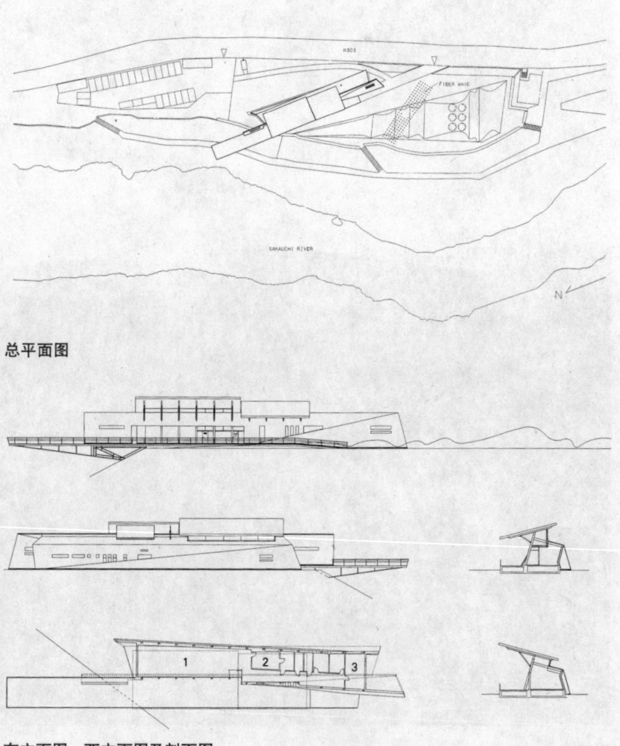

总平面图

东立面图、西立面图及剖面图

室外景

陶砖铺砌的波浪形表面以及被风吹动的碳纤维棒

“亚克力蜂窝”板由两层有机玻璃板中间夹一层铝制蜂窝内芯构成，光在透射而过的同时也会把板本身照亮

K 博物馆

东京，日本

渡边诚

设计：K 博物馆是为从其地下穿过的一条巨型隧道而修建的参观中心。它坐落于紧邻东京湾的专属开发新区，也就是现今东京市的边缘地带。它规划于 20 世纪 80 年代的经济繁荣时期，本应成为一个新的“次中心”，同时也是规模非常之大的一个商业新区的组成部分。然而 20 世纪 90 年代的经济衰退则意味着，在 K 博物馆现今所处的这片空旷的场地上，虽说为建筑群服务的市政设施工程均告完工，但是地上的建筑却再也无法动工了。在这个高技派风格的博物馆里（建筑面积 245m^2），诸多模型和录像向人们展示了这个城市的基础设施，最主要的就是那个巨型隧道一它在日本是独一无二的——它从城市的地下穿过，为城市提供电力、信息服务以及垃圾处理等服务内容。建筑坐落在黑色花岗石台基上，造型为不规则棱柱体，外立面采用了铝板和不锈钢钢板。简单元素的组合却造就了一个复杂的整体。金属饰面很简洁，但是造型却很抽象。光伴随着发散、反射以及波长等诸多方面所发生的细微变化深刻地转变了人们对这个建筑的认识，此外，由于建筑的复杂造型以及太阳运行轨迹的变化也会进而导致光线发生变化。K 博物馆波浪形地面用石头和陶砖铺砌，名为“抚风”（Touching the Wind）的碳纤维棒雕塑内装有二极管，可以发出蓝色的光。

室内景

施工与材料：有不少饰面材料都是为了这个建筑而特别研发的。简洁的接缝设计以及大块的三维板材的运用确定了总体风格。外立面的铝板（及不锈钢钢板）板块非常大，接缝处设有排水措施。等所有的饰面板都按 3mm 宽的拼缝安装到位之后，那些三维体块也就完成了最后的组装。外饰面板使用了四种不同的表皮效果：反射面层、金色不锈钢面层、氟碳喷涂面层以及本色铝板。这些饰面板内芯采用了铝制蜂窝结构以确保板面的平整和刚度。在室内则采用了一种称为“亚克力蜂窝板”的材料，这种夹芯板由两层有机玻璃板中间夹一层铝制蜂窝内芯构成，光可以透过这些蜂窝结构照入室内，同时也会照亮板身。这种半透明的材料把“建筑躯体”的内部结构展露出来，也就是那些铝蜂窝结构。这一技术从侧面表达了该博物馆的一个重要理念，这就是：让看不见的东西露出来。室内个别地方的墙体也采用了这种铝塑复合板，它们在室内形成了透明与不透明之间的过渡。圆形体块采用了半透明纤维增强塑料（FRP）。博物馆的室内地面采用了很厚的电镀钢板，这种钢板通常都是在工业建筑中用作临时地面。

  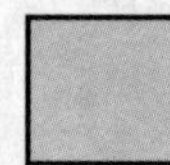 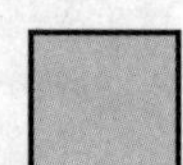

地址：　东京，日本
建筑师：　渡边诚事务所
委托人：　港务局：东京市政府，东京滨水发展公司
施工时间：　1995 ~ 1996 年
铝制构件：　外饰面蜂窝结构夹芯铝板，内饰面夹芯铝板（“亚克力蜂窝板”）为铝和有机玻璃复合板
制造商：　pla—metal PW，Polycolor Industry Co.Ltd（内饰面板）；Shinko—North Co.（外饰面板：蜂窝结构铝板／蜂窝结构不锈钢板）

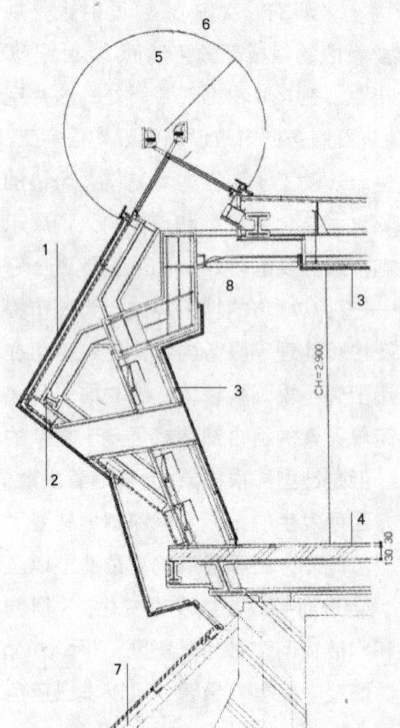

外围护结构断面详图
1　29mm 厚铝蜂窝板（银色部分）
　27mm 厚不锈钢蜂窝板（表皮镜面处理，金色部分）
2　矿棉
3　27mm 厚有机玻璃蜂窝板（透明部分）
　27mm 厚铝／塑板（银色部分）
4　7.2mm 厚电镀钢板，平行式
5　有机玻璃板
6　碳纤维增强塑料（CFRP）（有些地方的外形是不规则的）
7　30mm 厚花岗石（平的部分）
　陶砖，不规则外形（波浪形部分）
8　钢制露明格栅，ø3.2mm×50mm×50mm

细部。不断变换的光线改变了人们对这个建筑的感知方式

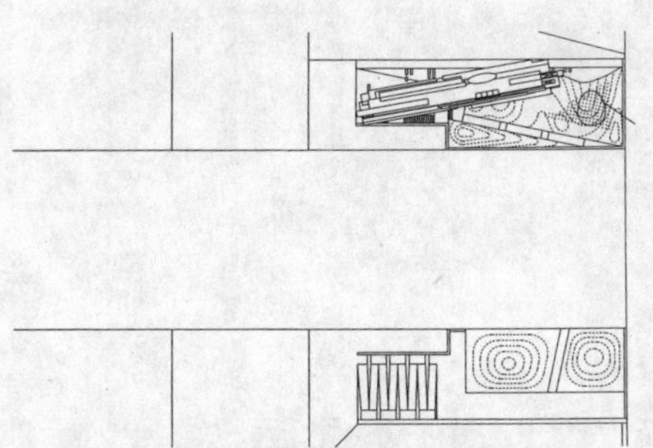

总平面图

东、南、西、北立面图；平面图及剖面图

西立面

新建筑尝试着与新艺术风格的老建筑进行对话

新建筑的外墙穿孔铝板可以闭合起来形成一个完全连续的白色立面

扩建体外墙上可开启的构件在打开状态下的特写

耳鼻喉科诊所

格拉茨，奥地利

恩斯特 · 吉塞布雷赫特

设计：位于格拉茨（Graz）的这个耳鼻喉科诊所扩建工程希望能够同时满足两个要求：既要与原有建筑及其新艺术风格的杰出形象之间建立一种谐调的关系，同时也要为医院的使用者们营造出一个舒适安静的环境。这是一栋两层高的建筑，外墙全部用白色铝板饰面。这个相对中性的立面设计与老建筑富于装饰的立面风格之间随即产生了一个微妙的对话。采用白色立面是为了营造适合人们就医问诊的治疗环境，这既是出于功能上的考虑同时也具有象征意义。首层设有接待处以及两个专用的临床检查区，二层是手术室。室内设计得到了特别关注，因为自然而又令人愉悦的照明设计十分重要。入口和候诊室的照明设计尤其重要，好的设计会让病人在走进医院大门时所产生的焦虑心情快速得到缓释。此外，还要同自然以及户外环境之间建立起联系。室内随处可见的规整几何体以及材料与构件的相互配合共同营造出一个传递着康复与轻松意味的氛围，同时也试图给人们留下这样的一种感觉，即病人在医院里只是暂时或是短期的停留。

构造：结构支撑体系采用了混凝土柱（390mm × 450mm），柱网为 8m × 8m 及 8m × 4m，墙体厚度为 150mm。沿柱网方向布置的 540mm 高的框架梁上是 300mm 厚的钢筋混凝土楼板。

旭格（Schüco）白色喷漆铝板和玻璃幕墙

首层平面图

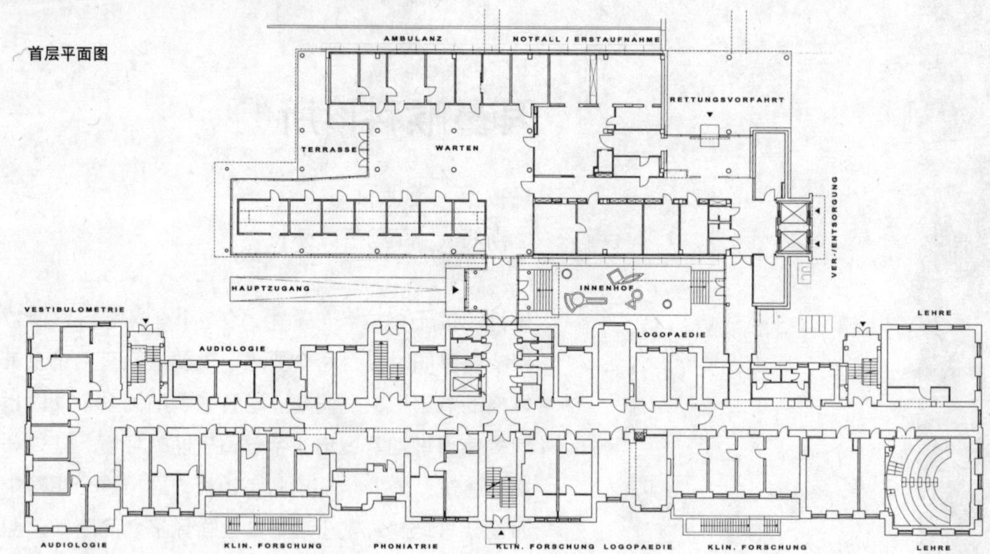

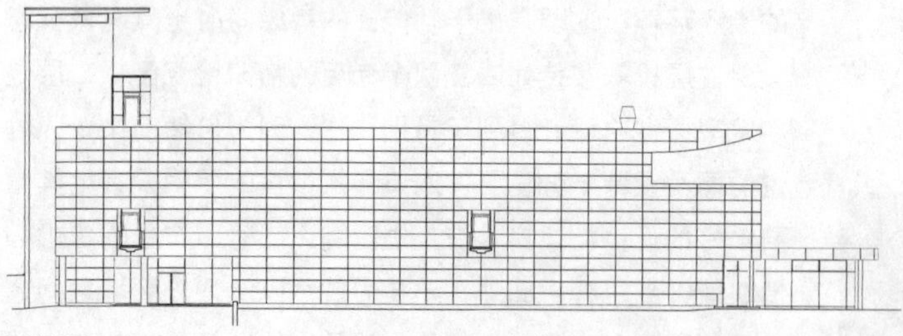

西北立面

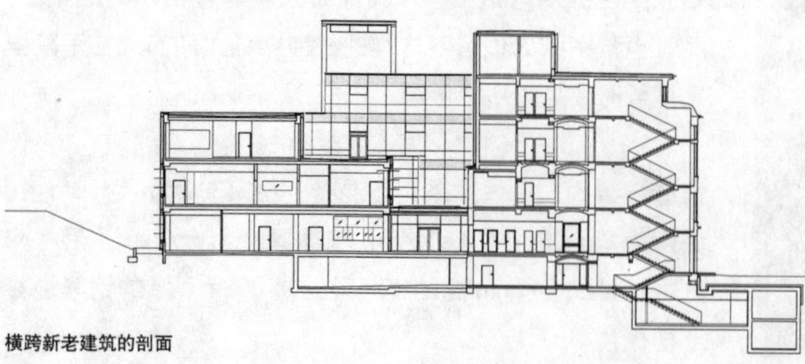

横跨新老建筑的剖面

设备间屋面详图

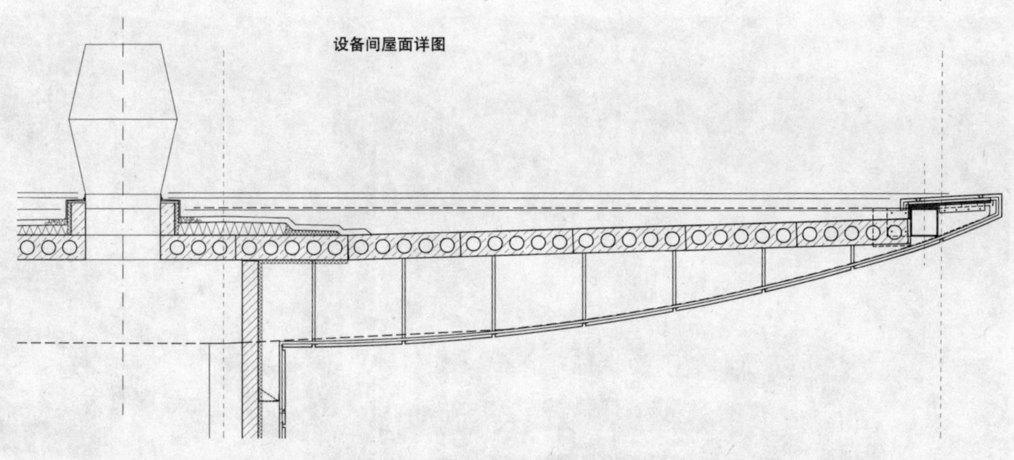

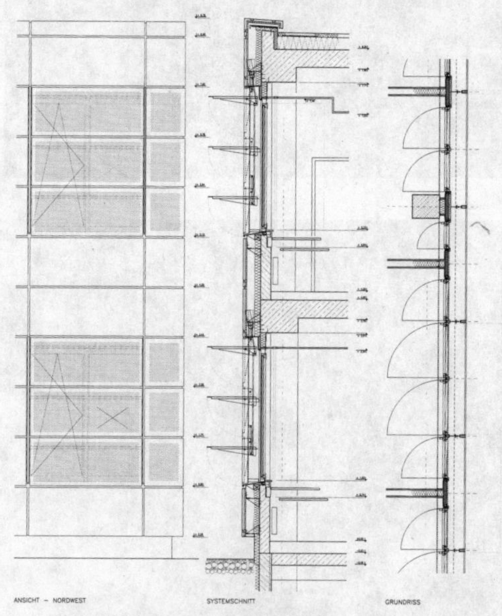

立面：立面图，竖向剖面图及横向剖面图

外墙采用了 90mm 厚的白色保温铝板，板与板之间垂直方向的接缝处设有承托铝板的支架。

材料：立面采用了白色铝板和不透明夹胶安全玻璃。设于窗外侧的穿孔铝板可水平开启或是垂直放下。因此建筑可以完全被封闭起来，例如，手术室就可以完全被封闭起来，为了调控室内的小气候也可以将建筑内的其他区域封闭起来。幕墙框料和窗框料都是铝制的。

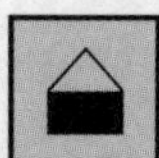

地址：　　格拉茨，奥地利
建筑师：　恩斯特·吉塞布雷赫特，Kuno Kelih，Johannes Eisenberger，Andreas Moser，Anton Oitzinger，Sandra Gruber，Peter Müller，Andreas Ganzera，Wolfgang Öhlinger（项目组）
委托人：　Steiermärkische Krankenanstalten GesmbH
顾问工程师：Dr.Friedl/Dr.Rinderer（结构）
施工时间：1994 ~ 1999 年
铝制构件：白色铝饰面板，穿孔铝遮阳板，幕墙框料，铝制窗框
制造商：　Schüco sections（玻璃幕墙，窗框）

室内景。穿孔铝板在铝框玻璃上留下的斑驳影子

综合体整体外观

站在前院内向上看

建筑玻璃：三明治夹芯铝板连同双层玻璃面构成了一个外皮平齐的立面

建筑的侧立面

李维斯欧洲总部

布鲁塞尔，比利时

Samyn 事务所

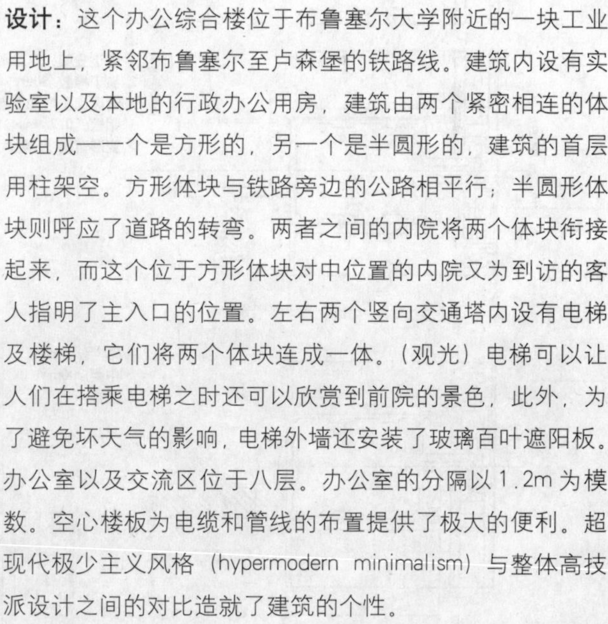

设计：这个办公综合楼位于布鲁塞尔大学附近的一块工业用地上，紧邻布鲁塞尔至卢森堡的铁路线。建筑内设有实验室以及本地的行政办公用房，建筑由两个紧密相连的体块组成——一个是方形的，另一个是半圆形的，建筑的首层用柱架空。方形体块与铁路旁边的公路相平行；半圆形体块则呼应了道路的转弯。两者之间的内院将两个体块衔接起来，而这个位于方形体块对中位置的内院又为到访的客人指明了主入口的位置。左右两个竖向交通塔内设有电梯及楼梯，它们将两个体块连成一体。（观光）电梯可以让人们在搭乘电梯之时还可以欣赏到前院的景色，此外，为了避免坏天气的影响，电梯外墙还安装了玻璃百叶遮阳板。办公室以及交流区位于八层。办公室的分隔以 1.2m 为模数。空心楼板为电缆和管线的布置提供了极大的便利。超现代极少主义风格（hypermodern minimalism）与整体高技派设计之间的对比造就了建筑的个性。

构造：立面由交替排列的水平玻璃带和阳极氧化复合铝板构成。采用 Siltal 外墙体系的中空玻璃面以及铝板的表面都没有突出的构件。复合铝板与中空玻璃面共同打造了一

主立面以及进入综合体内院的入口

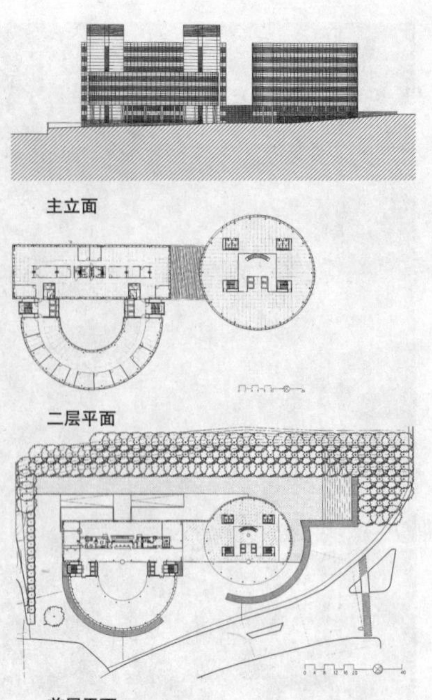

主立面

二层平面

首层平面

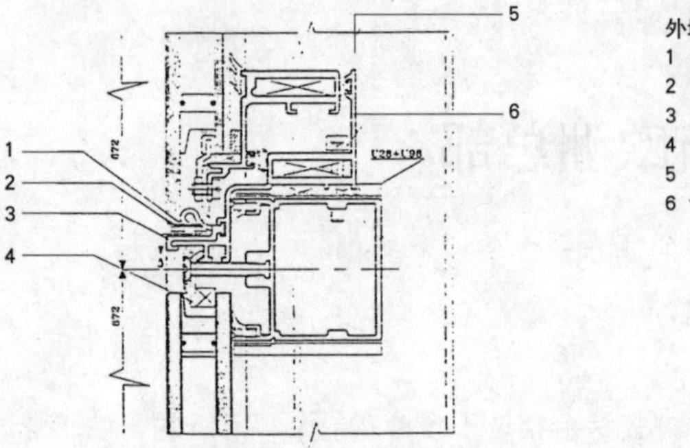

外墙剖面

1 Sil 60mm×15mm
2 不锈钢 L=60mm，中距 120mm
3 70mm 长斜披水
4 CLO/F（2mm 不锈钢），中距 150mm
5 Siltal 封堵材料
6 方口螺孔

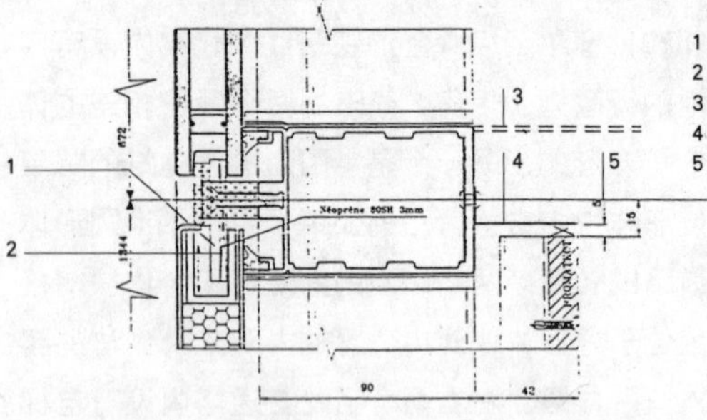

1 固定支架，CL large，中距 100mm
2 氯丁橡胶 3mm
3 通风口及散热器盖子
4 铝板，0.7mm×15mm×42mm
5 变形范围 ±20mm

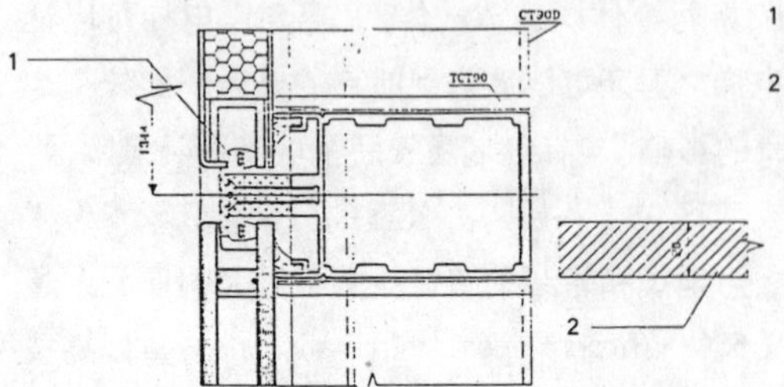

1 CL 铝，6mm，中距 200mm
2 楼板

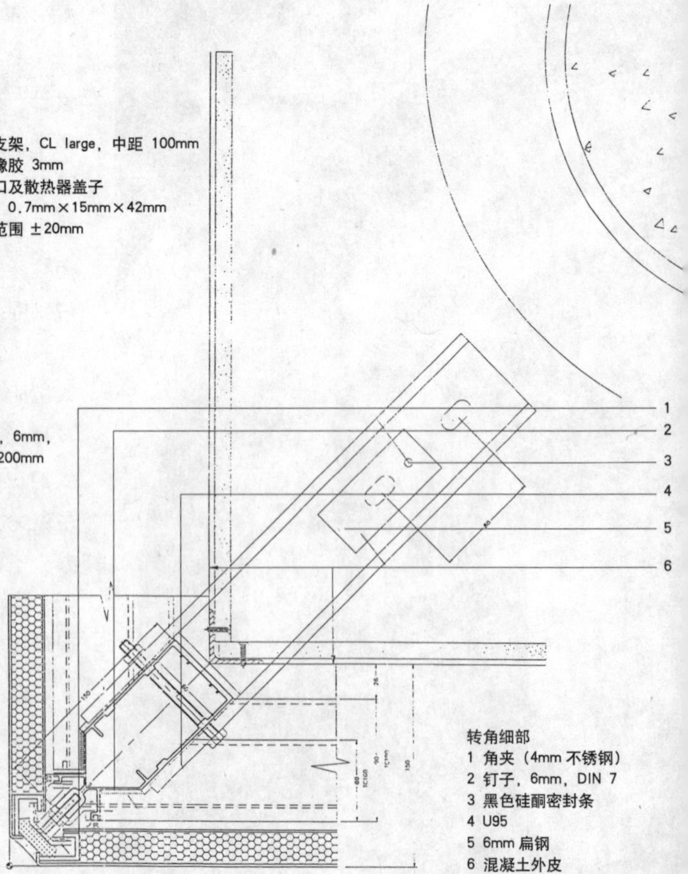

转角细部

1 角夹（4mm 不锈钢）
2 钉子，6mm，DIN 7
3 黑色硅酮密封条
4 U95
5 6mm 扁钢
6 混凝土外皮

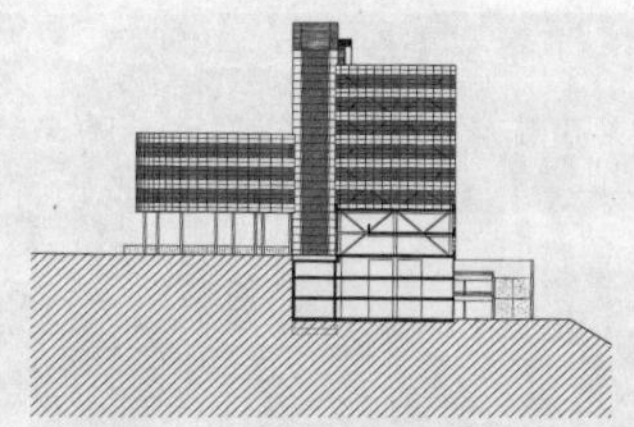

剖面

内庭院

建筑夜景

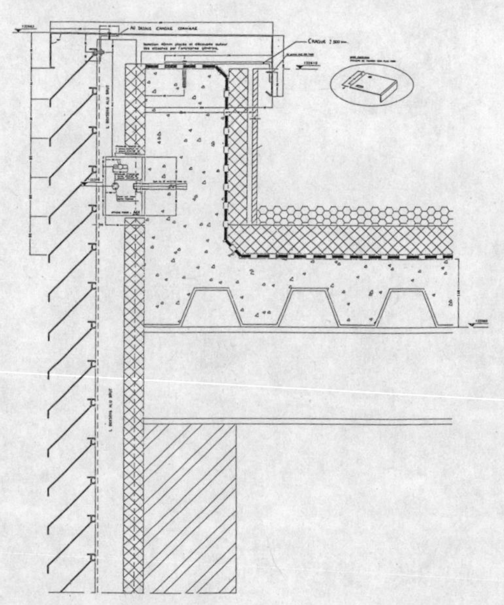

锅炉房女儿墙断面

个完全一平的外立面，即没有突出的地方也没有收进的地方。玻璃面上的开启扇也采用了确保外立面全平的设计。这个平整干净的外表面就是建筑师采用的极少主义手法之一。外饰面（玻璃及铝板）固定在圆形铝管搭成的内部支撑结构之上，并且采用了双重密封措施（外侧硅酮耐候胶，内侧三元乙丙橡胶密封条）。

材料：玻璃幕墙的支撑结构采用了 Siltal 标准构件。室内外露明的构件均进行了阳极氧化并通过化学方法对表面进行了亚光处理。非露明构件则采用了表面未经特殊处理的铝材。饰面板通过铝卡子固定在支撑结构之上，卡子本身亦未作特殊处理。幕墙的竖向构件固定在建筑的混凝土楼板上。开启扇的外开固定装置采用了 Siltal 标准构件。在开启窗扇内侧下方的水平窗框上装有 CE2G 型 Bercy 窗销，可以将窗扇锁闭。

27mm 厚不透明的复合板构造如下：

－外表面铝板，20mm×0.1mm 厚，阳极氧化镀膜（厚 20μm）化学亚光面层处理，之前对表面不再进行机械处理。

－聚氨酯保温层

－不作任何处理的铝板，20mm×0.1mm 厚。

板高 1344mm，宽度视施用位置的尺寸而定。窗间板与水平防火封堵（最薄 60mm 厚防火材料）的交接处理采用了一个特殊的铝构件。防火封堵材料设在混凝土楼板的板缘处，它由两块 Promatect 防火板构成，每块板厚 25mm，板间填充岩棉。幕墙的另一个铝节点则设有竖向防火封堵板，这里使用了 12mm 厚的 Promatect 防火板。这些防火板安装在独立于幕墙之外的金属龙骨体系上，板顶高出混凝土楼板 680mm。

地址：	**阿诺德·弗赖特大道 23 号，布鲁塞尔，比利时**
建筑师：	Samyn 事务所，布鲁塞尔 P.Samyn，M.Ruelle，O.Steyaert，J.Ceyssens，A.Agustsdottir，G.André，T.Andersen，M.Bergmans，A.Brodsky，Y.Buyle，D.Culot，K.Delafontaine，J.P.Dequenne，B.Dewancker，I.Iglesias Martin，Benito，F.Lermusiaux，N.Milo，M.Van Raemdonck，O.Verhaeghe，C.Zurek 与 A+U (J.Baudon) 合作
顾问工程师：	Setesco，G.Clantin，J.Schiffmann，P.Samyn（结构）；Marco et Roba（设备）
委托人：	Louis de Waele SA，地产开发商
施工时间：	1992～1998 年
铝制构件：	Sital 标准构件，圆形铝管
制造商：	Portal Belgium

遮阳板、结构体系、墙体及屋顶互不相干，
白色的铝板是这个学院科技学科的象征

高等技术联邦学院

凯恩多夫，奥地利
恩斯特 · 吉塞布雷赫特

设计：这个以培养信息技术、管理及自控专业人才为主的凯恩多夫高等技术联邦学院（Kaindorf Higher Technical Federal School）的最根本的设计理念就是要设计一个村庄。内部设有教室的多个体块就像翅膀一样从170m长、两层高的中央体块两侧延伸出去。屋顶设有北向天窗的体育馆与水平展开的主楼及其侧翼形成了对比。该综合体的枝状布局将室外的小片景观环境也一并收容进来，这些小环境成为众多台地的延伸区，并且造就了休闲放松的好去处。极为精巧的结构与建筑细部成为该学院以科技为目标的象征。这一类似于实用主义的建筑手法，在结构和遮阳板的设计上表现得尤为突出，其目的就是要让这个建筑综合体的外观具有“标识性”（signature）。

构造：该综合体的所有体块都是基于相同的设计理念来进行设计的。两层高的体块内设有功能房间（如教室等），一条贯穿整个建筑的中央廊道将所有体块串联起来，廊道在某些地方（如图书馆处等）取消了侧墙，这样就营造出一个开阔敞亮的空间氛围。四排钢筋混凝土圆柱支撑着上

建筑端头的45°斜角与道路毗邻

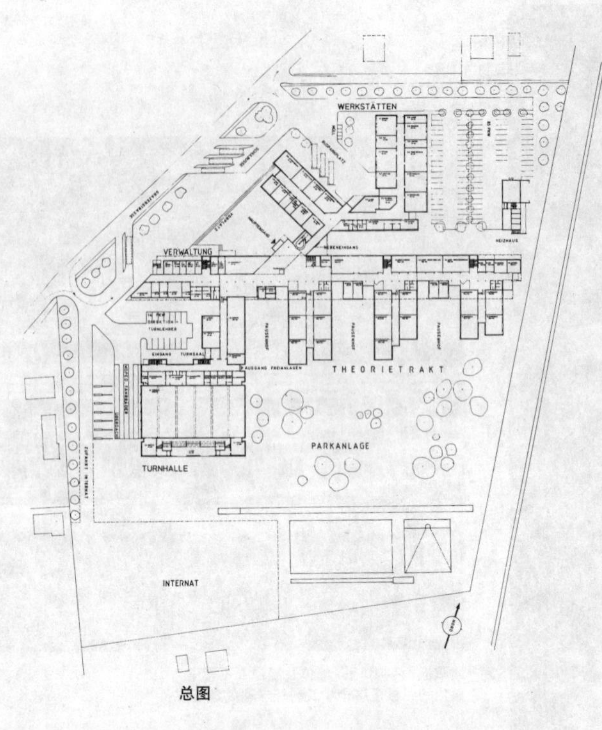

总图

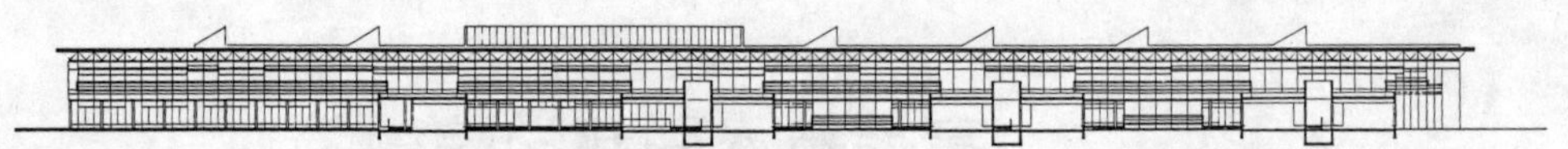
南立面

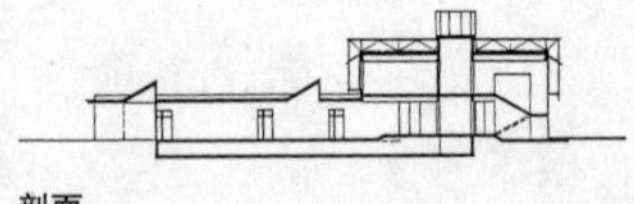
剖面

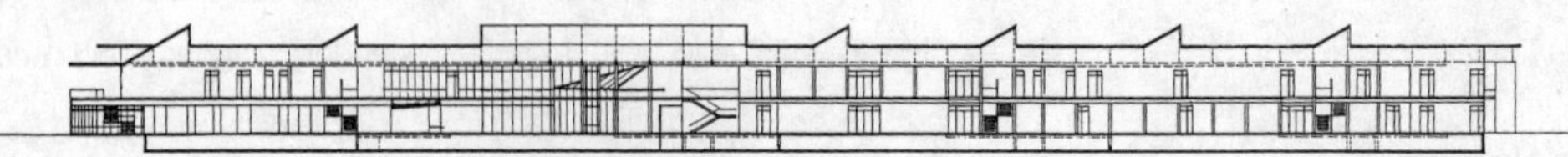
纵向剖面

光与影在外立面上的嬉戏

立面轴测图

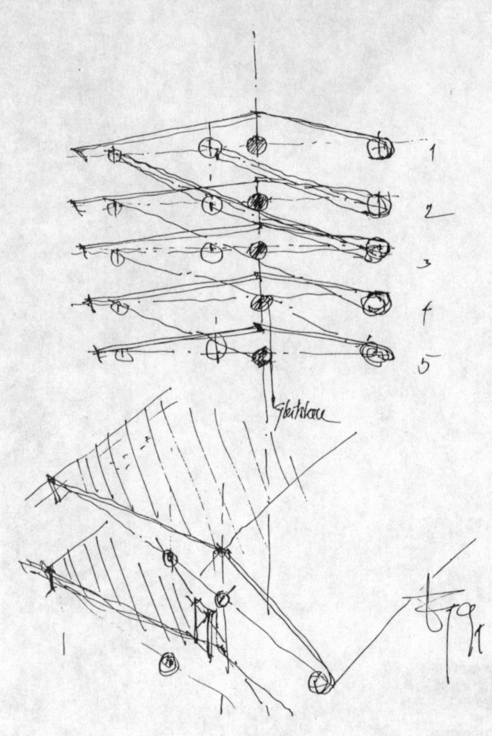

可调节式遮阳板的设计研究

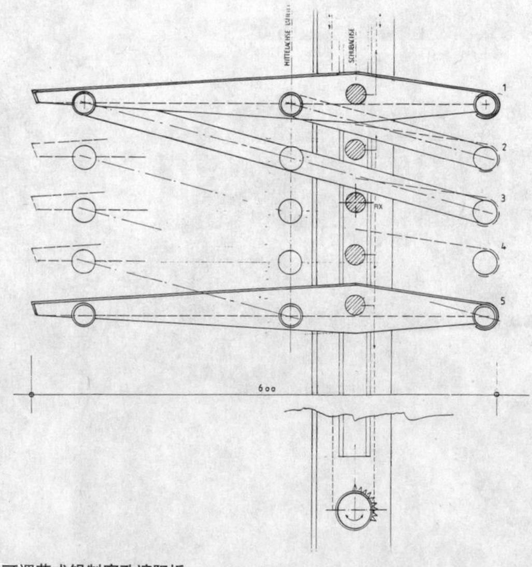

可调节式铝制穿孔遮阳板

立面细部

可调节式百叶以及支撑屋面的格构桁架梁

层楼板，并将整个建筑划分为主体与侧翼两个部分，走廊的另一侧是教学办公用房。长长的主楼的尽端连同与道路呈 45° 夹角的体块限定了建筑群与周边成熟环境之间的关系，同时也为我们明示了主入口的位置。屋面则由桁架来承托。外墙饰面并未延伸到屋面处，而是收在了一根格构桁架梁的下方，这根桁架梁不仅是屋面的支撑结构，同时也成就了建筑的一个特色——仿佛在屋面之下有一条通长的高窗。

材料：外墙采用了白色铝板。遮阳采用了一种由可调节式穿孔铝板做成的新装置。作为一种表现性的技术元素，遮阳板从屋顶上悬挂下来，由此划定了室内外的界限，并构成了双重立面体系中的一部分。窗框隐藏在开启型及推拉型百叶的后面，百叶的调控模拟了飞机的制动盘。这些穿孔铝百叶，通过剪刀式铰链来调节角度，借此控制进入室内的热量和光线。该体系中的每一个单独的部件均可独立控制；不过，每天都会有那么一次，通过调整所有的遮阳板让建筑呈现出一个协调统一的外部形象。用以支撑玻璃幕墙的结构构件以及窗框等构件都是铝制的。

地址： 凯恩多夫，奥地利
建筑师： 恩斯特·吉塞布雷赫特，Werner Kircher，Kurt Falle，Wolfgang Ellmaier，Zsolt Gunther，Kuno Kelih，Andreas Moser，Gerhard Springer，Klaus Faber（项目组）
委托人： 凯恩多夫当局
顾问工程师： Heidinger，Aigner，Pölzl（结构），Essler 咨询（电气）；Ing.Starchel Consultants（加热、通风及空调）
施工时间： 1988 ~ 1994 年
铝制构件： 白铝板饰面；穿孔铝遮阳板
制造商： Schüco sections（玻璃幕墙及窗框），Ludwig Brandstaetter，Frohnleiten，奥地利（铝板及元件），Treiber，格拉茨，奥地利（遮阳系统）

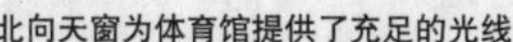
北向天窗为体育馆提供了充足的光线

基地南端的车间

沿外墙透视

承重墙前固定百叶及窗洞口外的活动百叶

图书科技中心

布斯圣乔治，法国
多米尼克 · 佩罗

设计：这个位于布斯圣乔治，法国（Bussy-Saint-Georges）的“图书科技中心”与法国国家图书馆（Bibliothèque de France François Mitterrrand）是在同一时间修建的。该中心设有装订车间并且为其他的一些图书馆提供一部分的藏书空间。这里主要收藏那些义务赠送的非卖品图书，此外还有巴黎大区内的大学图书馆里少有人问津的书刊（论文及期刊）。除了藏书库之外，该综合体内还设有将资料转成微缩胶片的设备、脱氧设备以及文件保存和数字编辑等设备，另有一间实验室和一个学习修护技术的培训中心。该图书中心坐落在 A4 公路一侧，毗邻地方特快铁路联络线 A 号线，搭乘这趟火车从 Marne-la-Vallée 到巴黎市中心时间可以控制在 30 分钟之内。该铁路修建于布斯南区第一阶段开发期内，它从该地区的西边界通过，为将来向北、南、东三个方向的拓展提供了选择上的灵活性。一个带有玻璃顶盖的廊子由东向西贯通了整个建筑，并从车间及书库旁边通过。车间、办公室、会议及培训等功能设置在六个两层高的建筑体内，这两栋建筑位于基地的北侧，垂直于道路布局。五层高的书库则位于基地的南端。

从培训室的窗户向外看

培训室背景中的钢筋混凝土承重墙及铝框料

室内走廊及其金属框料

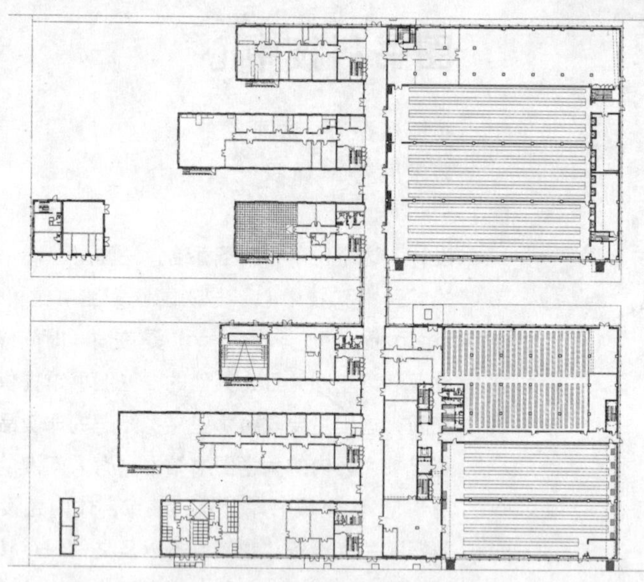

首层平面

铝百叶窗严整的几何造型与包裹在门头外的Batyline（一种透气织物，非常结实又易于维护。——译者注）透明织物相得益彰

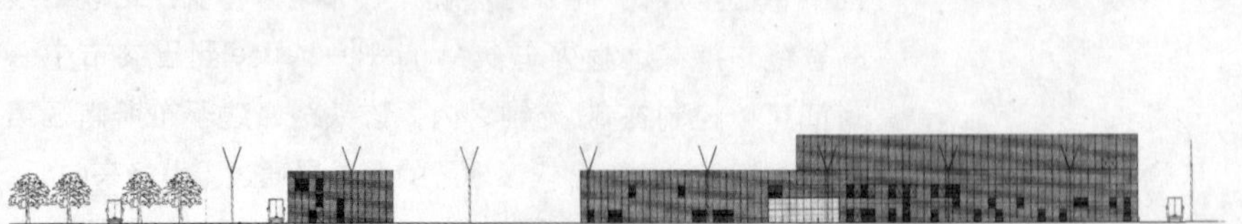

东立面

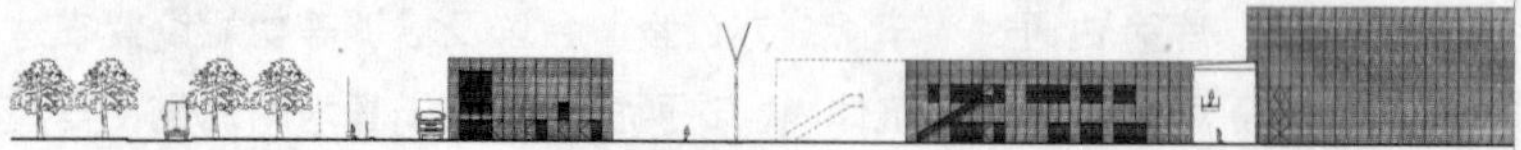

剖立面显示了联系库房与车间及培训室之间的内走廊

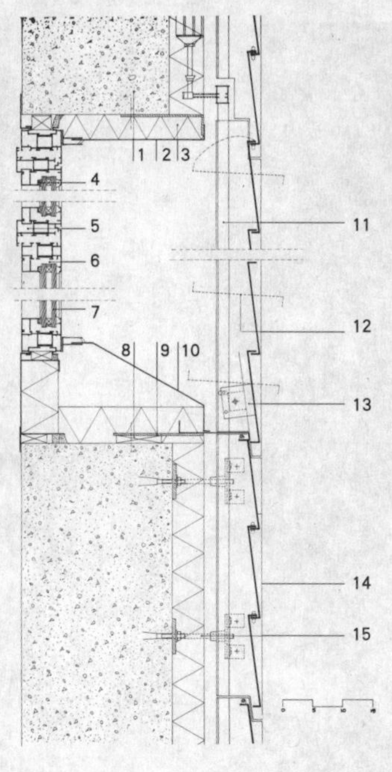

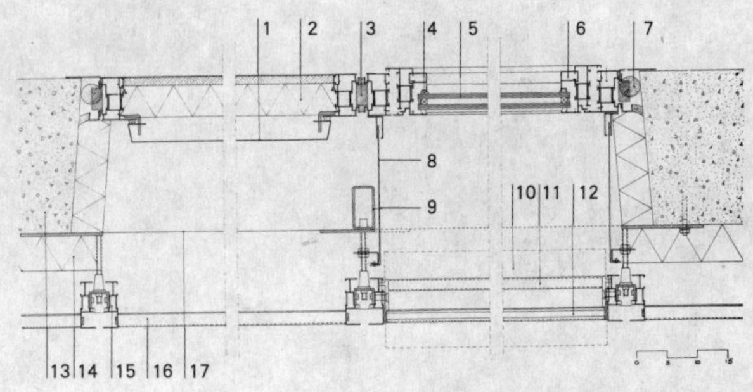

外承重墙断面
1 混凝土
2 轻金属合金窗套
3 保温层
4 接头
5 开启窗铝框
6 固定窗铝框
7 玻璃
8 木条
9 钢片
10 通长斜窗台
11 活动铝框
12 铝构件活动范围
13 活动铝构件
14 固定铝构件
15 活动铝框固定点

横剖面
1 钢板保护层
2 轻金属合金复合板
3 钢构件
4 接头
5 玻璃
6 开启窗铝框
7 铝框
8 铝板饰面
9 钢构件，70mm×35mm
10 可开启构件的活动范围
11 连接管
12 活动构件
13 混凝土
14 保温层
15 铝构件
16 固定轻金属合金复合板
17 混凝土外皮

构造：钢筋混凝土承重墙结构，250mm 厚，间距 7.2m。

材料：9m 高的车间和 15m 高的书库大楼的外立面采用了铝百叶窗。在不透明的墙体外采用的是固定百叶窗，在窗洞口外则采用电动活动百叶窗。水平百叶窗的尺寸均为 1120mm×150mm（长 × 宽），厚度仅为 1mm。在钢筋混凝土墙体上安装铝板时采用了铝龙骨做法。窗框也是铝做的。

地址：	古斯塔夫 · 埃菲尔活动公园，布斯圣乔治，法国
建筑师：	多米尼克 · 佩罗；Maxime Gaspérini（主设计师），Jérôme Besse（助理设计师）
委托人：	法国国家图书馆，法国高等教育研究部
审计：	Pieffet–Corbin
顾问工程师：	Daniel Allaire（工程）；Séchaud et Boussuyt（结构）；TPS（HGM）；Technip Seri Construction（给排水）；Syseca（安全）；Guy Huguet S.A.（空调及中央系统控制）
施工时间：	1993～1995 年
铝制构件：	设计师设计铝板

北立面突出的体块采用了复合铝板

东立面，位于办公体块上下幕墙之间的带形实体墙采用了白色的喷漆铝板饰面

雷诺汽车研发中心—Le Proto

技扬谷，法国

让－保罗·阿莫尼克

设计：这个汽车研发中心是位于技扬谷（Guyancourt）的雷诺科技中心的一个重要组成部分。可以说，它是雷诺汽车科研创新的真正发源地——该建筑集开发调研、模型研发及汽车生产等功能于一身。雷诺公司称该建筑为"Le Proto"，它有42000m^{2}的生产车间，此外还有三个共计5000m^{2}的附属用房。该综合体内设有：

－生产设备区，包括汽车生产所必需的所有设备（压具、模具、成形、焊接、喷漆、塑料加工以及测量设备等）。

－用于组装各类汽车的生产线。

－主组装线上用于生产加工并可通达不同生产作业面的空间。该中心有630名员工，每天可生产1～2辆汽车。

构造：建筑的大片金属墙面被有规律间隔出现的玻璃面均匀地分割成几大块。充足的光线由这些窗洞口进入车间内部，不仅让车间显得十分舒适，而且还提供了良好的工作环境。不同的材料在综合体的立面上承担着不同的功能：墙基处采用白色大理石骨料的水磨石饰板，立面采用横向金属瓦楞板或接缝处理，竖向金属瓦楞板则用于屋顶"天

北立面墙身详图

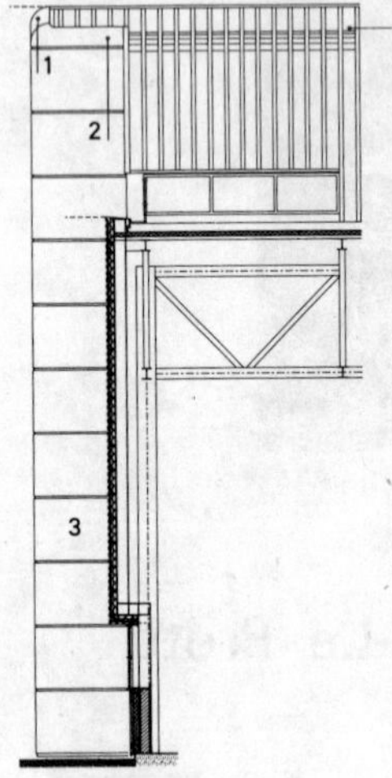

1 弧形铝饰面板
2 三维曲面铝板
3 铝平板内置蜂窝结构

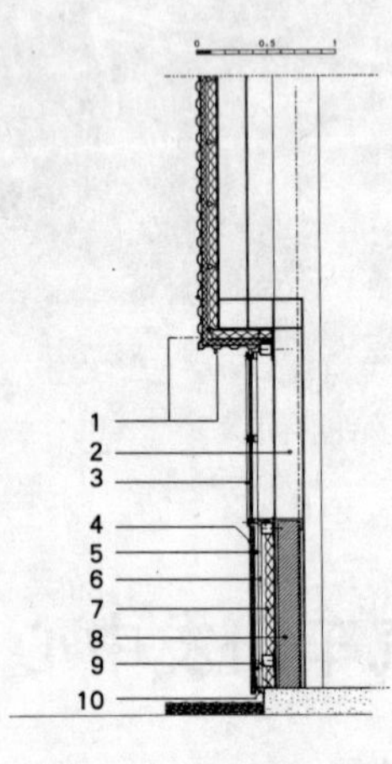

1 双重立面：固定在竖向龙骨上的外立面水平肋＋保温层＋隔声隔热内衬板
2 用于固定内衬板的次要支撑结构
3 玻璃带
4 水磨石外墙饰面
5 固定件
6 不锈钢立柱
7 保温层
8 混凝土砌块墙
9 水平横梁
10 通长盖片

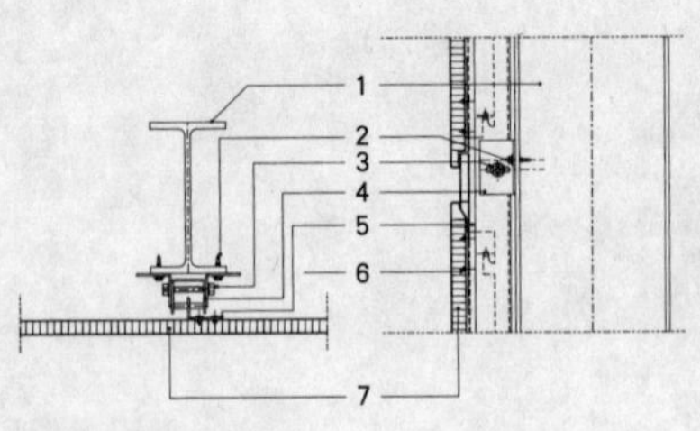

铝板竖向断面
1 次要支撑结构
2 自攻螺钉（不锈钢）
3 不锈钢螺栓
4 镀锌槽钢
5 角铝，30mm×10mm
6 热铆铆钉
7 盖板
– 板面不作额外处理的铝板，室内侧 20mm×0.1mm
– 铝蜂窝结构，18mm
– 喷漆铝板，室外侧 20mm×0.1mm

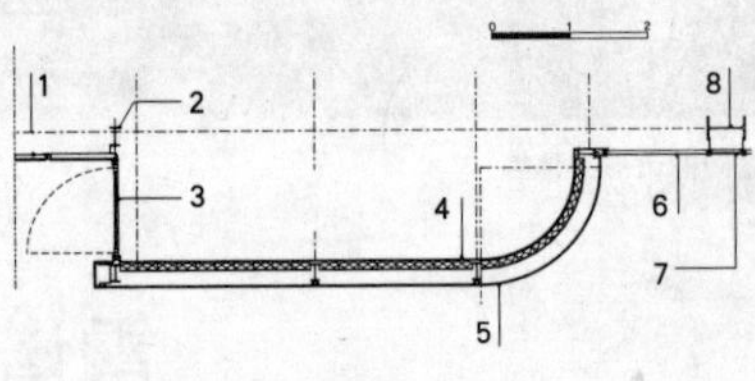

铝板横向断面
1 隔声隔热金属板
2 次要支撑结构
3 玻璃门
4 双重立面：外墙竖肋铝板以及带保温的内衬板
5 铝制蜂窝板
6 玻璃带
7 保温层
8 主体支撑结构

窗"的侧壁处。

出于生产的需要，因此对于钢结构体系（柱子及桁架）的设计要求非常严格。不仅建筑内部需要没有任何遮挡的大空间，而且屋顶桁架还要能够承受大量生产出来的配件的重量，此外还要考虑生产和操作这些配件所必需的设备和机械的重量。因此在 10.8m 的柱网内，桁架采用了 22.95m 及 30m 的跨度，净高则达到了 7m、10m 和 13m。

材料：建筑师 Valode 和 Pistre 在设计说明书所提出的目标和要求成为该中心的总体理念并最终得到了贯彻。从外立面金属板的设计中就能够很清晰地看出这一点。不同的立面有着不同的表情。最主要的北立面由于不同体块的金属饰面连成一体因此显得动感十足——它隐喻了生产中的汽车车身。南立面还可以继续进行加建。西立面在材料的运用方面发生了变化，而后勤服务用房则隐藏在东立面中。

外墙勒脚处的水磨石饰面板（白色大理石骨料；1200mm×1200mm×30mm，80mm 厚岩棉保温层）采用插栓固定在不锈钢龙骨上。该龙骨反过来又固定在建筑的主体钢结构框架上。高达 6m 的双层玻璃窗（出于安保的需要从 St Gobain 购买的主线产品）被安装在铝制窗框上

(Kawneer 构件)。双层立面上的连续区域由固定在垫片之上肋距为 125mm 的外侧钢板及用来改善隔声效果的内侧穿孔板组成。这两层做法之间是两层错缝铺贴的岩棉板。局部位置（如受压部位）还要再增加一道 1mm 厚的盖板，它骑在内侧板（Smac Acieroid 体系）缝上，用以确保相邻房间之间具有更好的隔声效果。屋面采用了瓦楞钢板，跟立面的材料类似；只不过位于屋顶天窗侧壁的肋是竖向的，间距为 300mm。这使得横向和纵向两个方向都有了起伏变化。粘贴于后衬板上的多道蓝灰色防水涂膜将水挡在了建筑之外，而购自 St Gobain 厚度为 80mm 的 Panooit-Quatro 保温板还能起到改善隔声效果的作用。

北立面紧邻着一条穿越整个技术中心的大路。为了突出立面效果，在那些可将大量光线引入车间的屋顶天窗的侧面设有一些醒目的突出体块，它们与建筑同高，外墙采用两道铝平板（灰色金属漆 RAL 9006）内夹铝蜂窝结构的 Karen 板做饰面。位于建筑两端 1/4 圆弧（半径 1.5m）收头之间的这些板尺寸非常大，它们高 1.25m，长 5.5m。这些板是 Axter 公司在真空状态下用一个木夹具加工出来的。这些厚度为 4mm 的板构成了墙面向屋顶的过渡，通过木夹具上的一个自动锤子将其加工成弧形。所有的构件均采用暗装方式固定在竖向断热钢结构框架上。东立面设有进入中心的出入口以及三个后勤服务体块，位于办公区上下幕墙之间的带形实体窗间墙采用了白色喷漆铝板饰面。

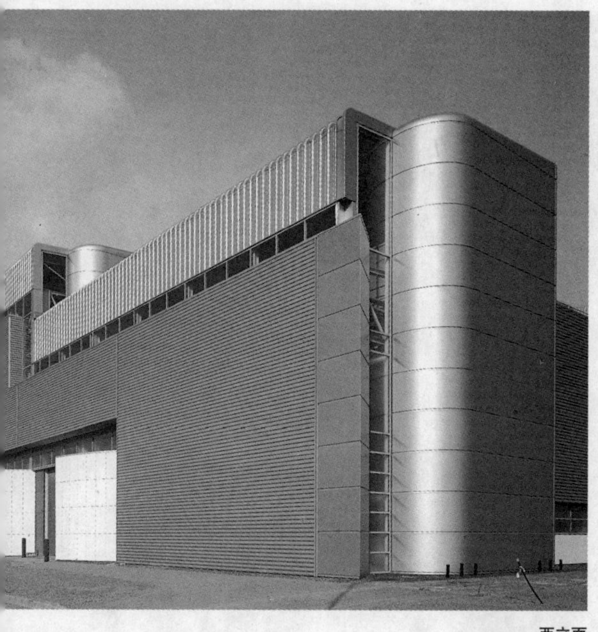

西立面

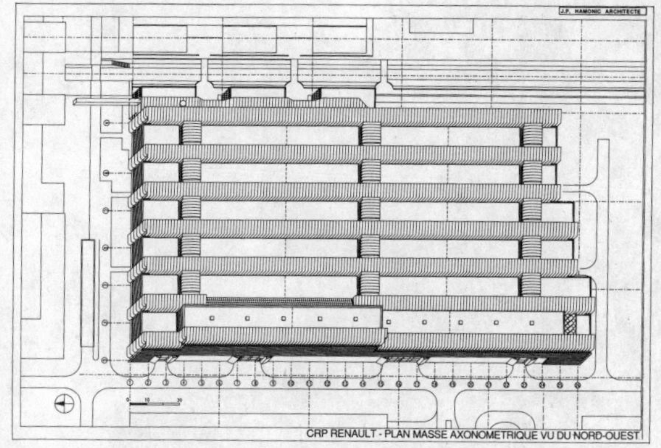

西南向轴测图

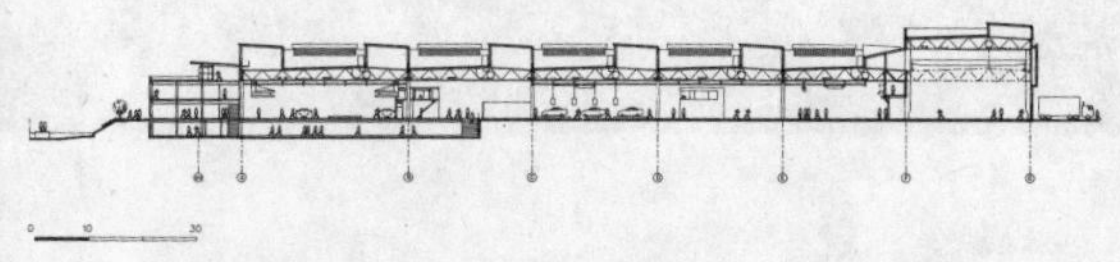

东西向剖面

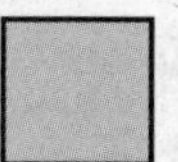

地址：	雷诺科技中心，技扬谷，法国
建筑师：	让－保罗 · 阿莫尼克；
委托人：	雷诺公司
顾问工程师：	Sofresid（结构）；OPC（项目管理）；CEP（监理）
施工时间：	1995 年
铝构件：	75mm×1mm Karen 铝板，网眼 19mm 蜂窝板与内外板由热粘接技术固定，外部预涂漆铝板，20mm×0.1mm，内部未处理铝板，15mm×0.1mm。附属结构为未经处理的铝角架，由可调节固件及不锈钢螺栓固定。
制造商：	Eurofaçade（Karen 铝板）；Smac-Acieroid Kawneer（铝框架构件）；Ilfer（铝构件）

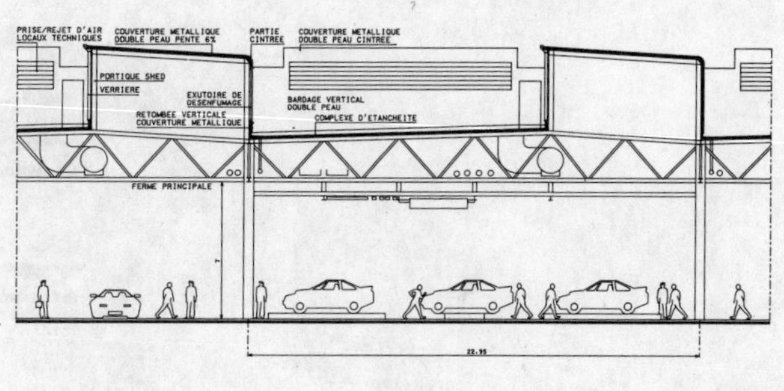

生产开间剖面

总平面图。从中心内部斜穿而过的道路继续顺着这个方向向前延伸并与水池对岸的另一条道路连成一线

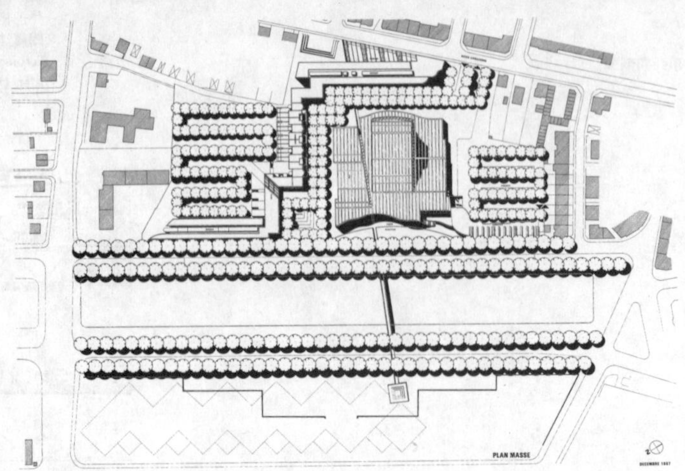

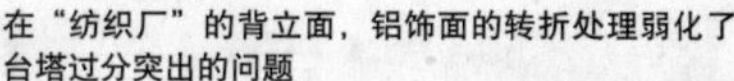

在“纺织厂”的背立面，铝饰面的转折处理弱化了台塔过分突出的问题

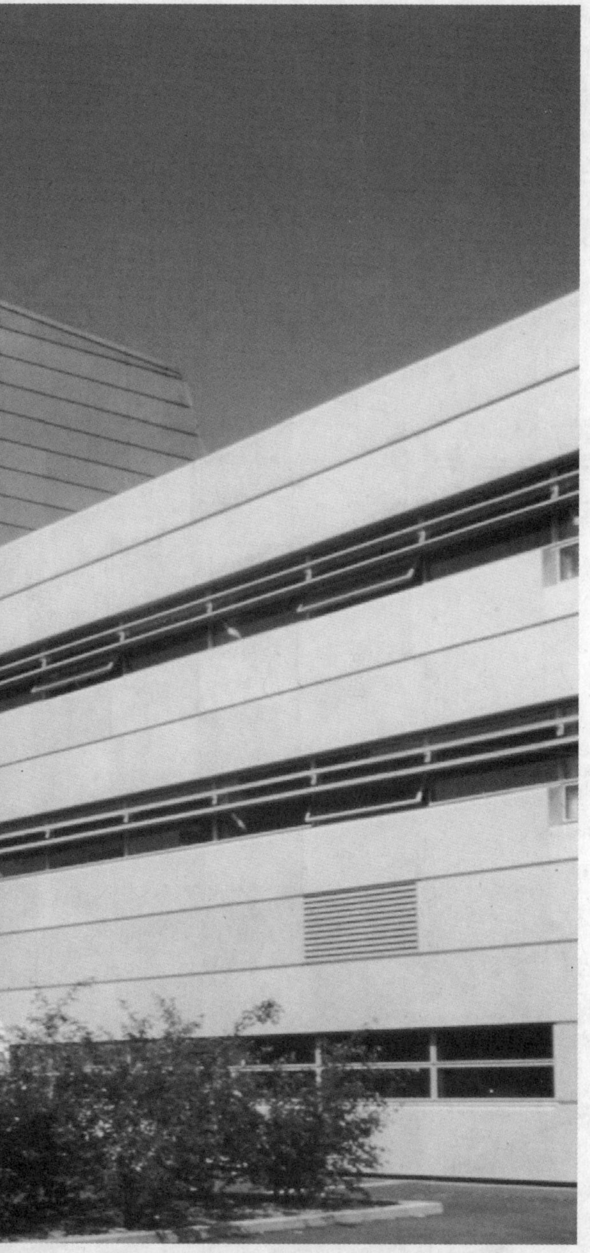

总平面图。从中心内部斜穿而过的道路继续顺着这个方向向前延伸并与水池对岸的另一条道路连成一线

艺术与文化中心—纺织厂

牟罗兹，法国

克罗德 · 瓦斯科尼

设计：这座外立面由铝板和玻璃构成的艺术中心就像是工业时代的司芬克斯（sphinx，狮身人面像），它位于一个大水池边上的用地之内，这里以前曾是一座纺织厂（法语称为："filature"），现如今这块废弃的工业用地得到了再次利用。该中心是未来整个新区的第一个落成建筑，之后还将建设住宅、商店、体育馆和办公楼。该艺术中心用地范围内共容纳了一个大型音乐厅／歌剧院，设有 1216 个座席（含残疾人座席），另有一个可对空间进行灵活分隔的 350 座大厅和一个 100 座小厅，此外还有展览厅、排练厅、电影院、图书馆／多媒体图书馆、餐馆、设备层以及行政办公区等等。总建筑面积为 $21500m^2$。

建筑尽可能设计得很紧凑，这样一来，所有的设施都可以容纳在一个长约 100m 的建筑体量之内。台塔过分突出的问题则通过将外墙的铝板一直包到屋顶的做法来化解，铝板通长的水平分缝让人们联想到织物上的滚边装饰。北场区与大水池之间东西走向的道路径直从 35m 高的综合体内通过。它是一条斜线：始于体育馆，经过办公楼，当其穿入艺术中心时则变成一条玻璃廊，之后又跨过东侧的水池。它还在继续向前延伸，直到经由一条人行桥横跨运河而过，依据城市规划的理念，这座桥起到将运河两侧的

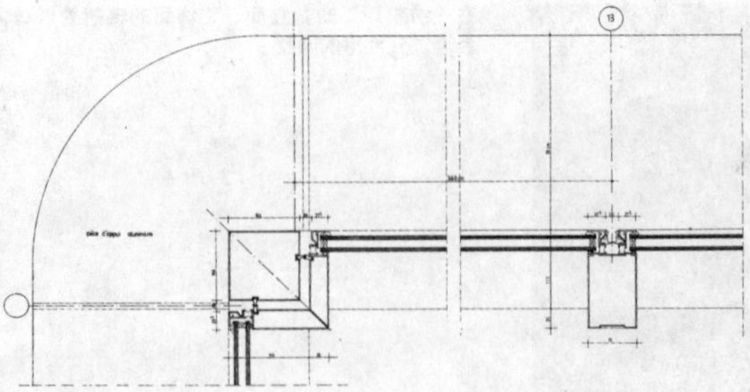

1

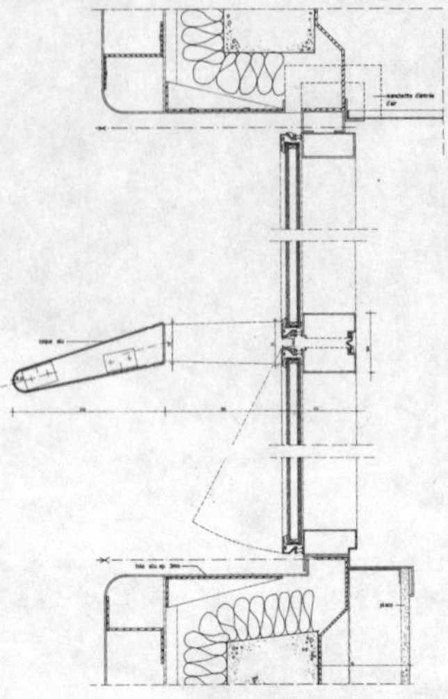

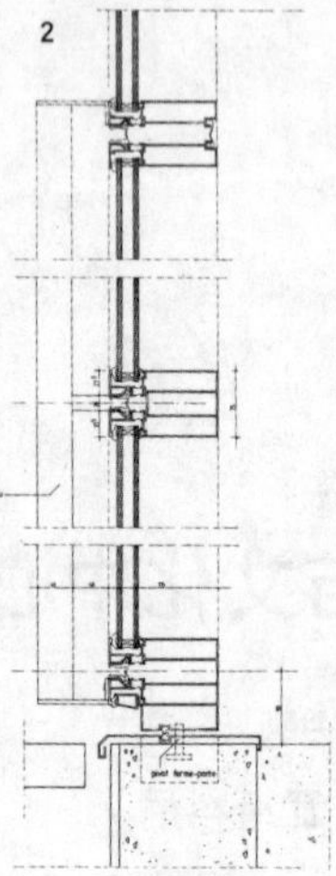

2

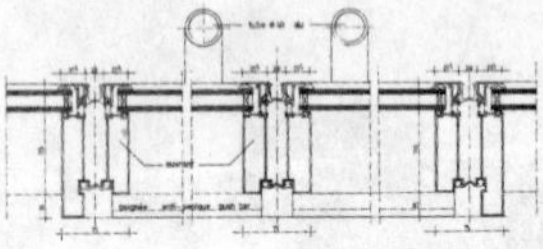

3

4

外立面、外门及外窗铝框料细部
1 固定窗框料横断面
2 外门剖面
3 外门横断面
4 背立面，遮阳板剖面

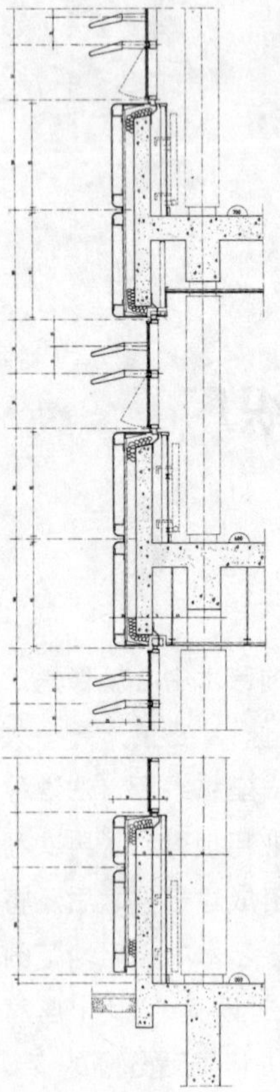

背立面墙身剖面

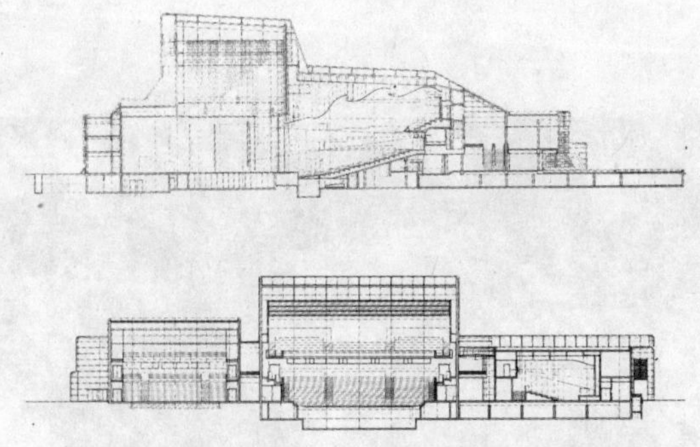

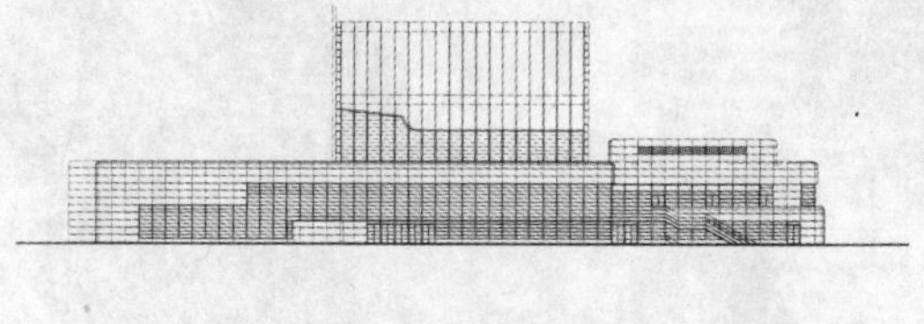

大厅剖面。由于大厅进深只有 26m，因此 800 座的池座和 400 座的楼座距离舞台比较近

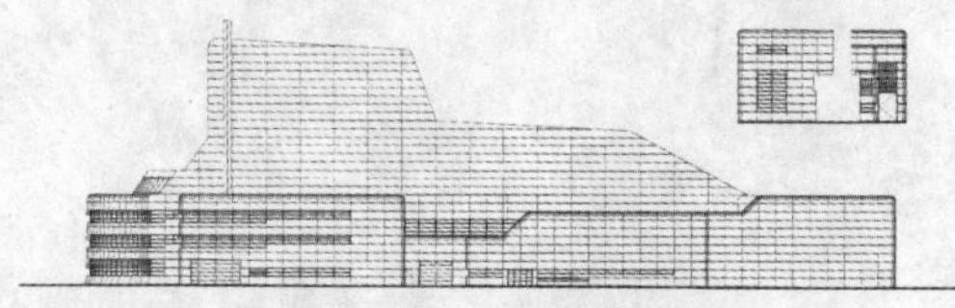

入口和面向公园的立面均采用了阳极氧化处理的金属本色铝板

从运河看主入口

城区衔接起来的作用。这条道路将建筑分成了两个部分。因此歌剧院及其门厅被划入了城市结构之中，这使得艺术中心与城市之间构建起一条紧密的纽带。西北和东南立面呈弧形，而两侧的立面则是平直的。主入口及前院上方富有韵律的波浪形立面的想法来自建筑前的水池在风吹过时所泛起的波纹。它形成了一种动感，并因此会吸引参观者步入建筑之中。入口大厅三层通高，这里可通达艺术中心的所有区域。宽敞的楼梯通至上层休息厅，厅内玻化混凝土地面个性十足。休息厅对面是大音乐厅，同外墙一样，室内也采用了铝板。音乐大厅的体积为 9300m^3。

构造：“纺织厂”艺术中心采用了钢筋混凝土承重结构，建筑外墙饰面全部采用经阳极氧化处理的金属本色铝板。饰面板的生产工艺十分精细，此外还要生产大量形态各异、甚至是弧形或是凹面的板材（尤其是那些用在转角处的板材）。

材料：立面的饰板由 3mm 的铝单板制成。保温材料粘贴于钢筋混凝土基墙上，保温外侧采用 100mm 厚的板作保护层，板面每隔 1m 设一道垂直接缝。在铝制遮阳板、断面尺寸为 75mm × 115mm 的断桥门窗框料以及其他多种铝制构件的共同配合下，用铝和玻璃打造出了一个统一协调的整体外观。在大厅显要位置也大量使用了这类材料。

地址：	纳森卡兹路 20 号，牟罗兹，法国
建筑师：	克劳德 · 瓦斯科尼；Jean Condorcet，Blandine Roche，Guy Turin，Bénédicte Ollier（项目助理）；Y.Amstoutz，J.-P.Bobacher（本地项目设计师）
委托人：	牟罗兹市政局
顾问工程师：	GIA，斯特拉斯堡 / 牟罗兹；BSM，斯特拉斯堡（建筑声学）；M.Rioualec，Sceaux（舞台设施）；Cano-François，巴黎（3D 设备）
施工时间：	1988 ~ 1993 年
铝构件：	预制阳极氧化本色铝板，现场磨光装饰铝板，来自 Almet（Pechiney）和 Alcan 的 3mm 及 1.5mm（用于不能进入的内表面）；铝板：铝合金 Al-Mg 5005（NFA 02.104）-Rhenalu-Pechiney．
制造商：	Rinaldi（立面结构与装配）；Pechiney，Alcan

位于辛德菲根奔驰基地的这个设计中心让人联想起一把扇子

梅塞德斯—奔驰设计中心

辛德菲根，德国

伦佐 · 皮亚诺建筑工作室

设计：这类设计中心对于安保的要求几乎可以媲美军事科研机构。在汽车工业新产品研发领域，工业间谍活动呈稳定上升之势。因此，这类设计中心必须要提防外界闲杂人等的侵扰，此外也要禁止同一公司其他部门人员的进入！对于地处辛德菲根市（Sindelfingen）占地广阔的公司基地而言，奔驰设计中心只是一个加建项目，但另一方面，它又必须同其他区域隔绝开来。然而，这种隔绝又不能妨碍到必不可少的内部交流，因为交流对于理念的贯彻与传达至关重要。这座建筑好像一把打开的折扇，每一个独立的“折面”下都对应一种不同的功能空间：诸如策划区、设计区、模型开发区、样品区等。总共有七个“折面”，折面的长度由南向北逐一递增，两两之间有9°的夹角，所有折面都指向同一圆心。位于最短的三条折面东端的是用来展示模型的空间，其锯齿形的采光屋面给建筑增添了另一种表情。这个面向公众开放的空间与主体建筑之间是脱开的，但又通过旁边容纳全楼服务设施的体块与主体建筑之间联系在一起。这一展示空间的屋面几何造型与主体建筑的屋面形式是相同的，只不过这里的屋面是透明的。屋面下是巨大的乳白色遮阳板，其断面呈透镜状，它们可以用来控制室内的进光量。综合体的西北面有一个公共花园。

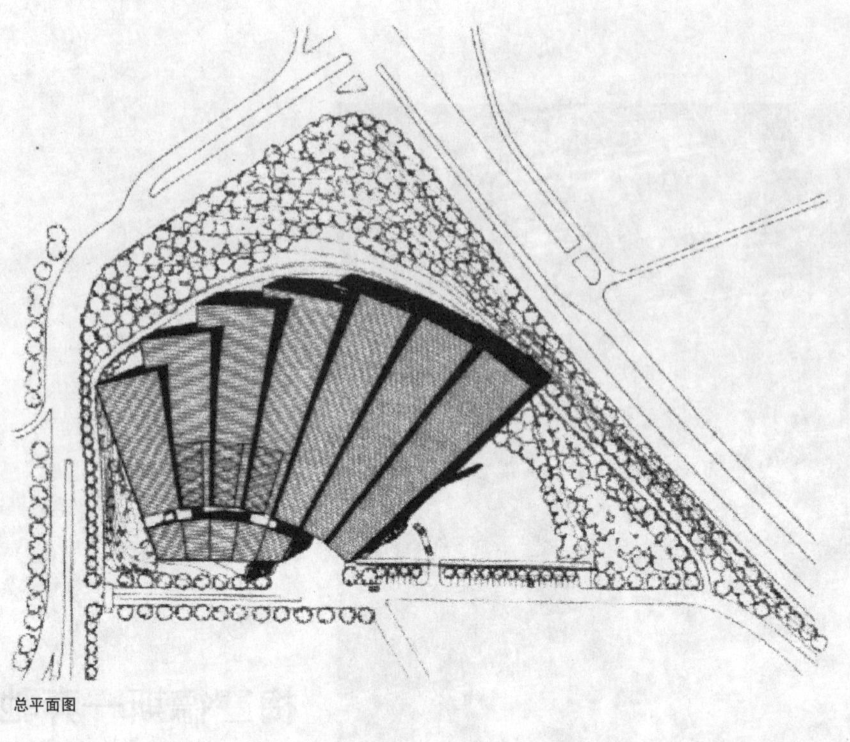

总平面图

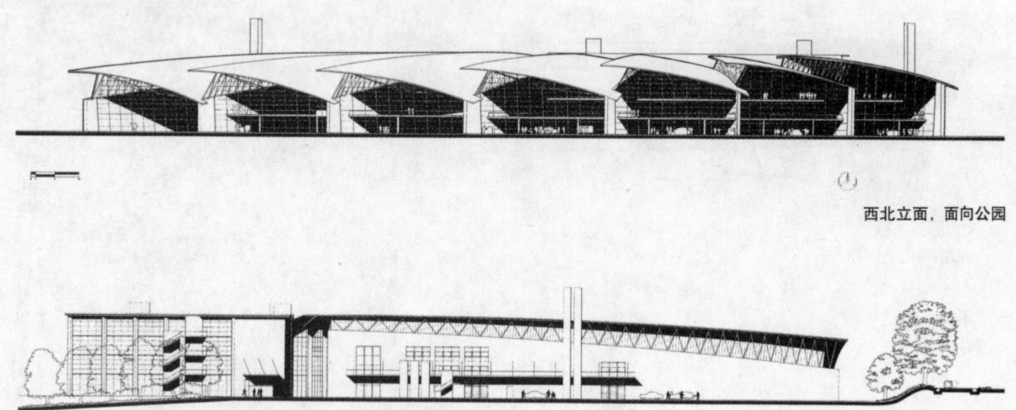

西北立面，面向公园

北立面

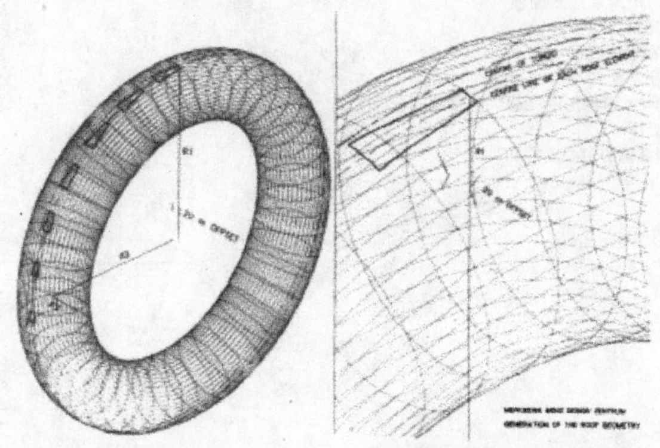

北向采光的锯齿状弧面屋顶可以把充足的光线引入室内

屋面的形态来自于超环面几何体（所谓超环面几何体是由封闭曲线绕其所在平面的某一轴旋转而生成的体块，这些旋转线都互不交叉也不包含。——译者注）

北立面外墙采用了聚乙烯夹芯铝板

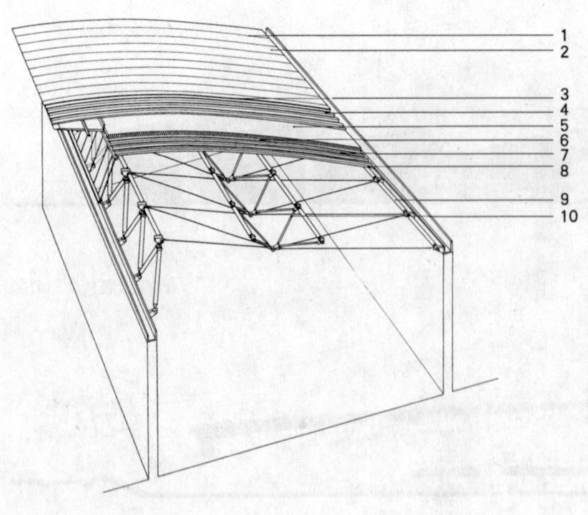

屋面构造正等轴测图
1 用于固定屋面板的横撑
2 屋面面层，4mm 厚 Alucobond 复合铝板
3 三元乙丙橡胶片
4 上层 106mm 厚梯形断面板
5 180mm 厚保温层
6 1mm 厚钢板隔汽层
7 隔声层及龙骨
8 下层 106mm 厚梯形断面板，有穿孔
9 钢结构支撑
10 承重钢结构的中心支撑构件

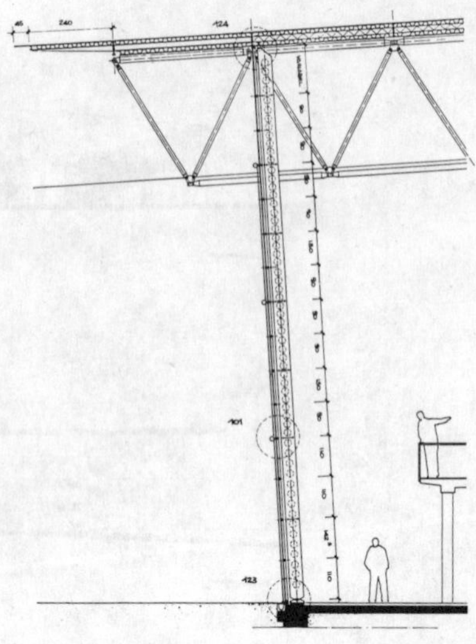

西侧外墙剖面

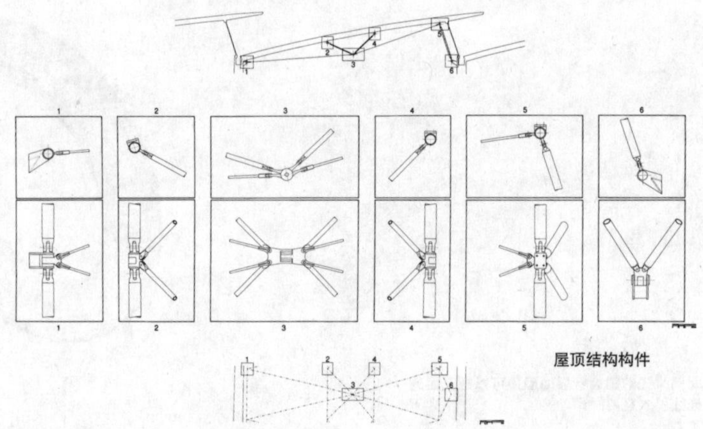

屋顶结构构件

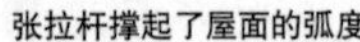

张拉杆撑起了屋面的弧度

构造：各独立功能体块的曲面屋顶被设计成北向采光的锯齿形，光线可由高起的一侧外墙进入室内。锯齿屋顶的采光面由西北向东北延伸开去，因而进入室内的光就不会发生眩光现象。这里并没有采用在工作台面标高处开设通风窗的常规做法，而是采用这样的设计以确保室内拥有充足的光线，同时也满足了安保的需要。弧形锯齿状屋面下是放射状墙体，屋面之间有相当一部分彼此重叠，较高墙体一侧尤其明显。墙面上方的玻璃面分别向各个体块的室内倾斜。墙体与屋面之间的开口，也就是玻璃面，向建筑的西北端逐渐加大，这样可以让更多的光线进入室内。屋顶大跨结构是由立柱、连接件和张拉杆构成的复杂体系，屋面的受力则通过张拉杆传至基础。

材料：现浇承重墙用特制的聚乙烯夹芯铝板饰面。夹芯材料的存在确保了铝板表面的高度平整。屋面造型来自于三维超环面几何体中的一段，屋面构造由多道金属板组成，自下而上的做法为：承重结构之上是夹芯板，夹芯板之上是压型钢板，并设有 106mm 高的龙骨，再上则是 1mm 厚的平钢板做隔汽层及 180mm 厚的保温层，保温之上另设有一道压型钢板，其龙骨同样高 106mm。钢板与其上方 4mm 厚的 Alucobond 板之间设有一道三元乙丙橡胶片。Alucobond 板是一种复合铝板，它由两道 0.5mm 厚的铝镁合金板（AW–5005/AlMg1）之间夹一道热塑合成材料（低密度聚乙烯）所构成。

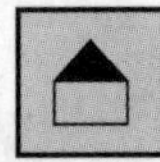

地址：　　辛德菲根，斯图加特，德国
建筑师：　伦佐 · 皮亚诺建筑工作室
委托人：　梅塞德斯 – 奔驰公司
顾问工程师：Ove Arup&Partners，IFB Dr.Braschel&Partner GmbH；Ove Arup&Partners，FWT Project and site supervision Mercedes–Benz AG；Mülller BBM；F.Santolini
施工时间：1993 ~ 1998 年
铝制构件：Alucobond 板
制造商：　Algroup/Alusuisse

放射状扇形体块的侧墙也采用了铝板饰面

断面为凸透镜状的乳白色遮阳板可以用来控制室内的进光量

东立面

TELEVISA 大楼

墨西哥城，墨西哥
十人建筑师事务所

设计：这个多功能综合楼的所有人是国内最大的电视传播公司 Televisa，该建筑坐落于墨西哥城（Mexico City）"嘈杂"的市中心内的一块梯形用地上。这个新大楼采用了多个体块来容纳电视公司的不同行政功能。位于用地东侧的八层高办公体连同信号发射塔一起划定了明晰的市区边线。Televisa 大楼取代了 1995 年以前的一组小建筑群，但是功能仍然维持不变，包括：办公、会议室、接待室、员工餐厅和停车场等。在这片城市景观中，这个大楼成为电视台存在的象征。该建筑由叠加在一起的两个截然不同的体块组成，两者以不同的尺度、不同的方式与道路和城市进行着对话。停车区借助其巨大的黑色立面与道路相呼应，并且成为城市空间的一部分。椭圆形的铝壳体是对城市里这一高度密集发展区段的混乱喧嚣在造型上进行的仿效，其内部是 600 座的餐厅、咖啡厅、厨房、酒吧、接待室、会议室等公共设施。设备层的透明玻璃面将停车区及其上部的壳体联系在一起。由于借鉴了当地工业建筑的风格，因

室外景。铝壳体位于首层停车和办公室的上方

室外夜景。铝壳体与竖向的发射塔之间形成了对比

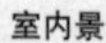

室内景

此这个低调的现代主义风格的建筑矗立在这里才不会觉得生硬。

构造：钢筋混凝土剪力墙加上由格构钢梁承托的钢筋混凝土楼板构成了这座大楼的基本结构体系。椭圆锥的铝壳体采用了大量不同断面形式的结构构件，它们构成了起支撑作用且相互平行的“肋墙”（side wall）。真正用以承托屋面面层的金属檩条就搭接在锥体的这些肋墙上。屋面构造，从内到外依次为：松木板三合板（19mm 厚）、断面为 Ω 形的铝板、不透水沥青隔汽层以及 Alucobond 板，板外皮接缝采用丁基橡胶。

材料：弧形屋面由多种规格的 Alucobond 板构成。下侧体块的外墙采用了黑色混凝土板。厨房体块也采用了 Alucobond 板。电梯井采用了清水混凝土饰面，入口区采用仿旧处理的复合锌板饰面。位于向上抬高的锥体内的交通厅采用了瓷砖铺装。入口坡道采用玻璃做外围护墙。

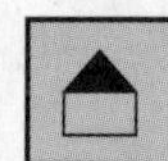

室内景

地址：	32，avenida Chapultepec，墨西哥城，墨西哥
建筑师：	十人建筑师事务所 –Enrique Norten，Bernardo Gomez–Pimienta（项目设计师）；Blanca Castañeda，Raul Acevedo，Jesus Alfredo Dominguez，Gustavo Espitia，Héctor L.Gámiz，Rebeca Golden，Margarita Goyzueta，Javier Presas，Roberto Sheinberg，Maria Carmen Zeballos（项目团队）
委托人：	Televisa SA de C.V.
顾问工程师：	Guy Nordenson，Ove Arup&Partners，纽约；Colinas de Buen，墨西哥（结构）；AMS Derby，Inc，–Robert Harbinson（屋顶）
施工时间：	1993 ~ 1995 年
铝制构件：	Alucobond 板，本色铝窗框
制造商：	Algroup/Alusuisse

位于铝壳体内的员工餐厅

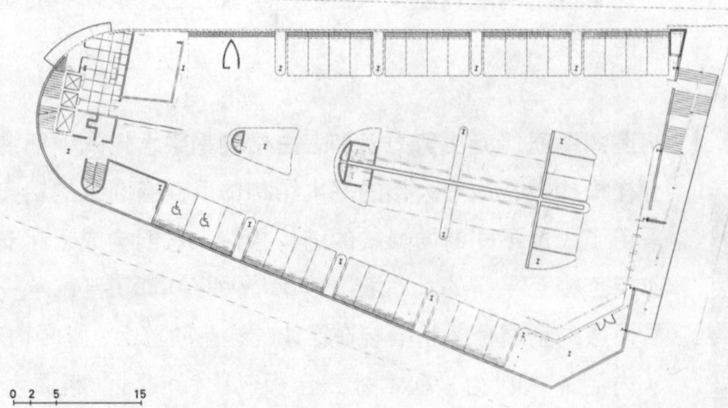

标识出入口及停车位的首层平面

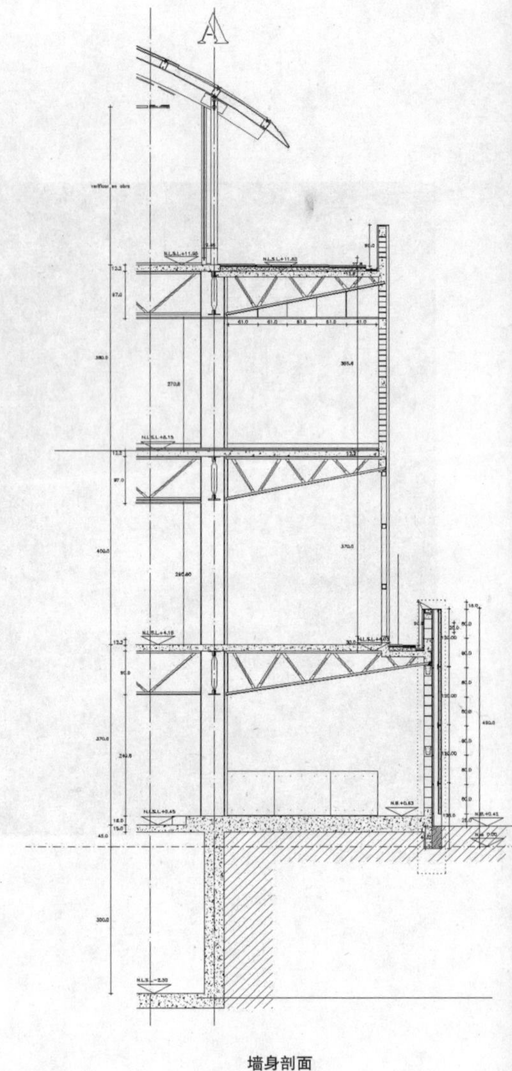

墙身剖面

综合体外观

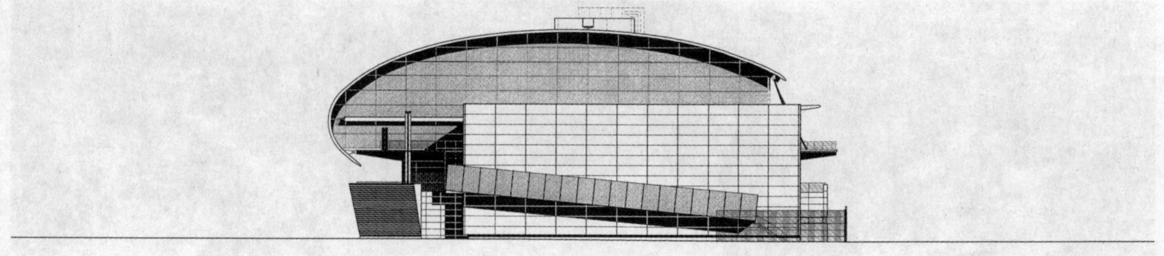

南立面

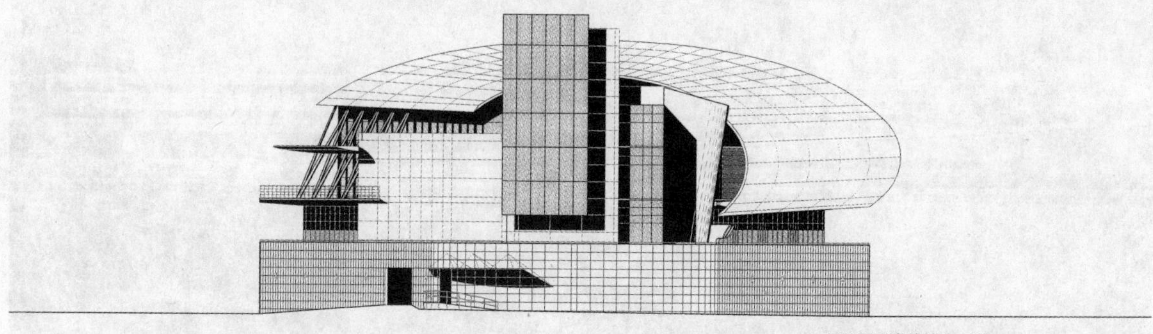

可以看见壳体的北立面

东立面

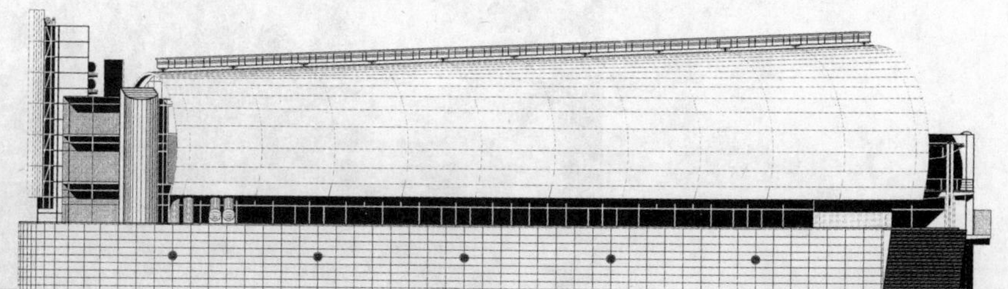

可以看见壳体的西立面

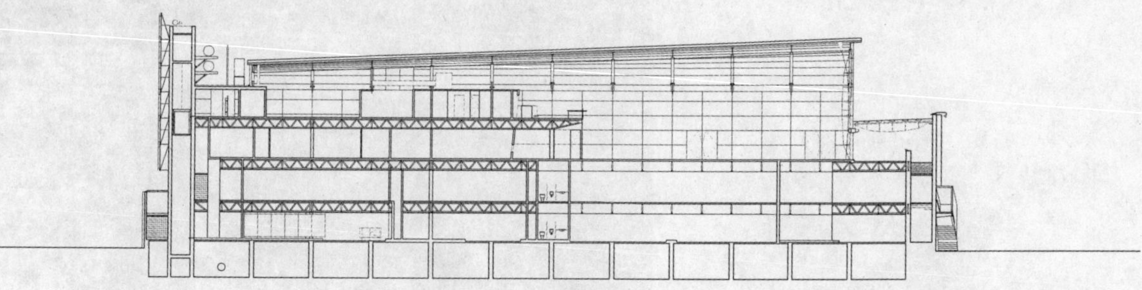

纵向剖面

从运河看会议中心

兰斯会议中心

兰斯，法国

克罗德 · 瓦斯科尼

从公园看会议中心

设计：该会议中心坐落于数条交通要道的交叉点上（巴黎－斯特拉斯堡公路、Aisne 运河、Vesle 运河等）。该建筑是兰斯城市大门的象征。这块用地以前曾是一个码头仓库综合楼，由于用地紧邻 Aisne 运河，因此十分适合用来建设这个又长又安详的铝饰面大楼。会议中心首层架空，其旁一侧就是"Patte d'Oie"公园，这是一片风景区，区内满是成年大树。但是从会议中心向南侧或是运河方向看，视线则不会受到任何东西的遮挡。主体建筑的首层用柱子架空 5m 的高度，仅有很少的几个地方直接落地。这种架空设计带来了如下几个好处：Maurice Noirot 大道可以从建筑下面的柱间穿过，这样会议中心就有可能直接坐落在原来码头的位置上。如有需要，首层开放式平面可以让展览空间增加一倍。最后，建筑可因此拥有一个不同寻常的外形，并将进一步强化它在象征意义上的重要性。

入口门厅位于面向公园的北侧玻璃幕的后面。来访者可以通过楼梯和自动扶梯直接进入被公园树木包绕着的大展厅以及两个议会厅的前厅和大餐厅（设有 1000 个座位）内。展厅、Clovis 厅（可容纳 350 人）以及"Royal"厅（可容纳 720 人）都要求室内的顶棚尽可能抬高，以大厅为例，其总高度达到了 27m。位于门厅上方的 Clovis 厅及"Royal"厅采用了准"悬挂"（quasi "suspended"）结构。整个建筑的摆位不会遮挡人们从公路看向教堂的视线。

1

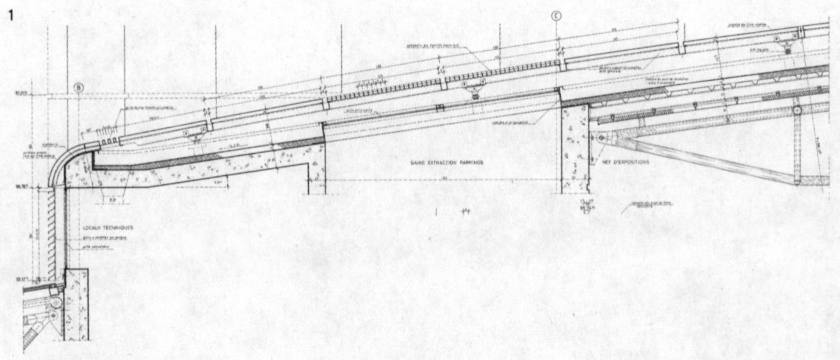

2

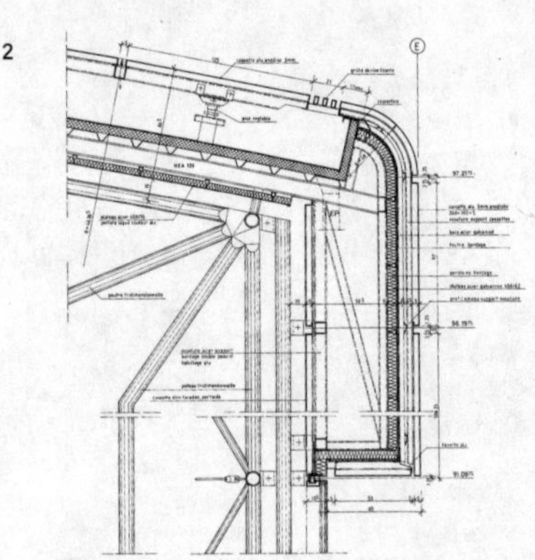

3

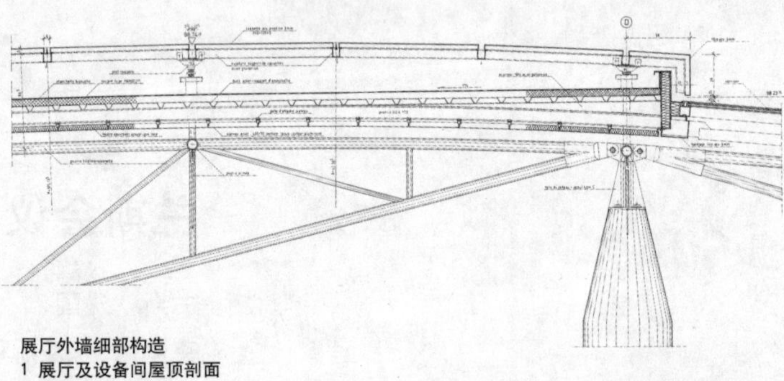

展厅外墙细部构造
1 展厅及设备间屋顶剖面
2 展厅北立面剖面
3 屋顶及展厅玻璃面剖面

1

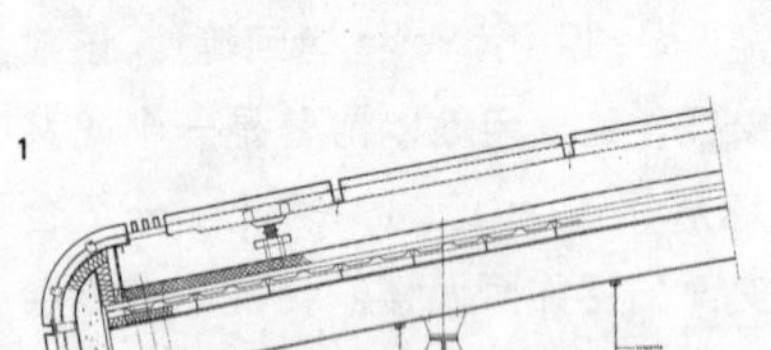

2

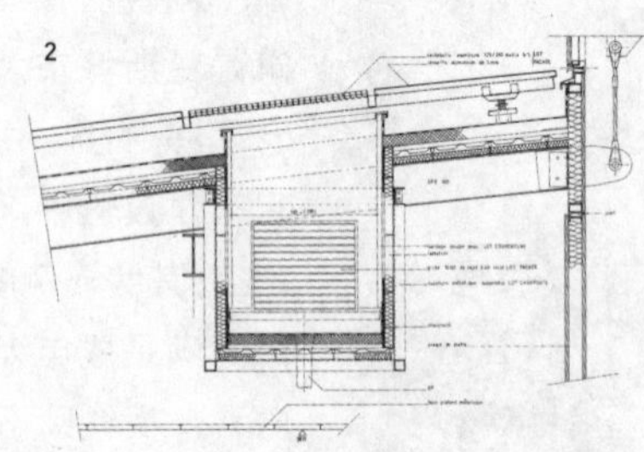

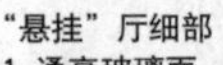

“悬挂”厅细部
1 通高玻璃面
2 排风口

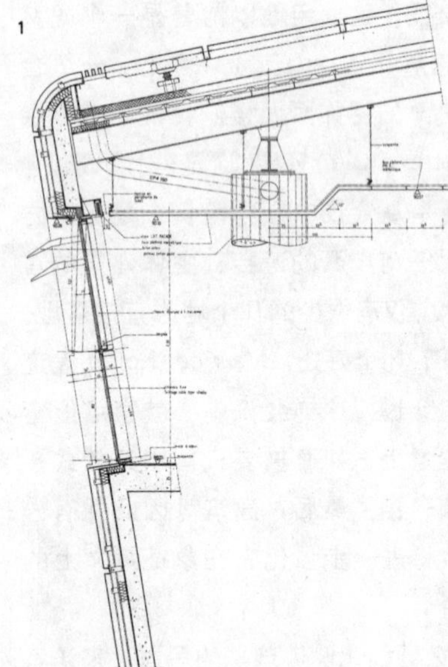

议会厅室内

为餐厅服务的酒吧、衣帽间及厨房均设在底层。面向运河一侧的体块中有一个规模很大的侧廊从中穿过。位于建筑南翼的会议室被采光天井划分为独立的房间。行政办公区位于这些会议室的下方，毗邻大展厅，并设有一条缓坡直通室外前院的地面。这个前院具有一定的开敞性，这得益于它的半开放半封闭的设计，它为 250 辆汽车提供了遮光挡雨的顶盖。休息厅里设有多个几何造型而且布局独特的大楼梯，这使得休息厅流露出浓郁的表现主义气质。

总体布局

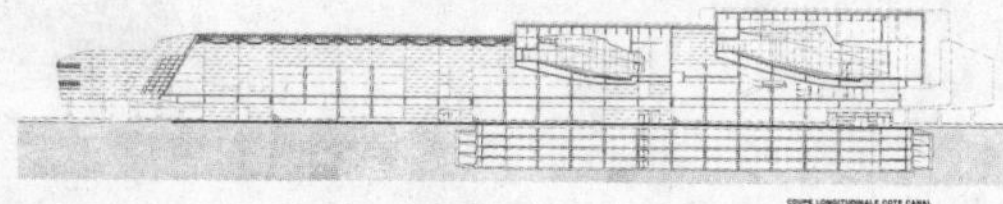

靠运河一侧体块的纵剖面

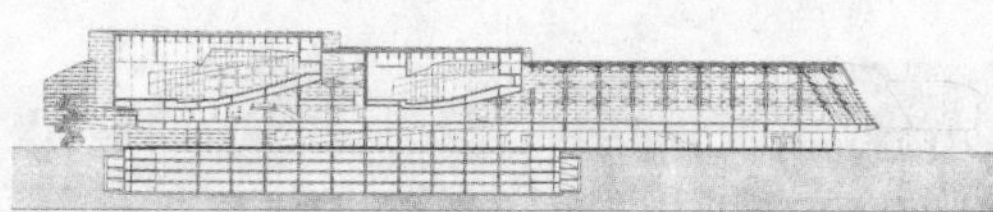

靠公园一侧体块的纵剖面

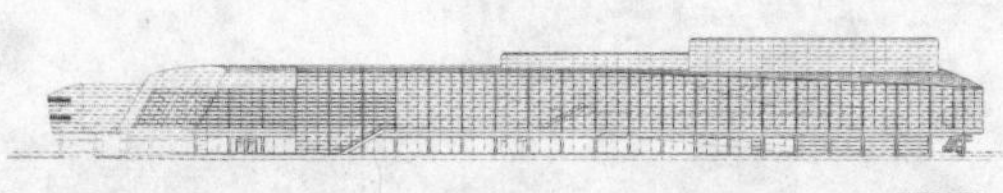

面向公园的立面

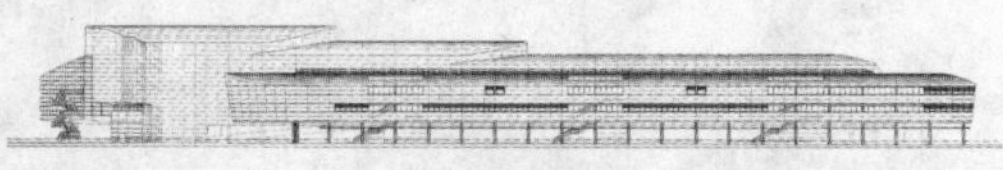

面向运河的立面

构造：承重结构由柱、楼板和钢筋混凝土构件组成。"悬挂"厅采用了钢筋混凝土承重墙结构。暗埋的钢构架（工字钢构件）承托着外墙的多种构件和面层。展厅采用了精细的钢框架结构，支撑框架的柱子十分纤细，柱顶犹如"铅笔尖"一般。钢框架之上是 HEA120 构架，它支撑在起传力作用的"竖向轴颈"上。银灰色喷涂穿孔钢板从 HEA 构件上悬挂下来；此外，为了隔声还赠设了一层毛毡。而这些穿孔板又支撑着压型钢板的托架，钢板上设有一道（100mm 厚）Panotoit 型保温层和（两道）隔汽层。调节构件固定在主体结构的"轴顶"上，在这之上则是一个由镀锌槽钢搭成的方格架，铝板就固定在这个格架上。这就形成了一个空腔，可由此排除壳体边缘铝制排水槽中汇集的雨水，位于铝板后面的这个空腔还可兼做通风之用。

材料：会议中心的"双重"（Janus-like）面孔——面向公路一侧是封闭的，而在与之相反的方向上（面向城市的方向）则是敞开的——决定了材料的选择。公园一侧采用通体的玻璃幕墙，面向公路的一侧则采用实体铝板将建筑包裹起来。外墙及屋面的饰面板是用 3mm 厚的铝片制成的，板的四边加厚到 50mm，这种板有多种规格，形状也多种多样（如 1250mm × 2350mm × 50mm）。

 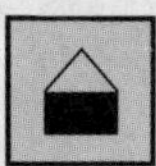 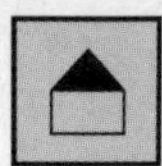 

地址：	Patte d'Oie 公园，兰斯，法国
建筑师：	克劳德 · 瓦斯科尼；Étienne Le Comte，Stéphanie Navecth，Bénédicte Ollier，Piotr Zaborski，Guido Loeckx，Hervé Basset，Jérôme Besse，Henrike Böhme，Gérard Cladière，Jean Condorcet，Emmanuelle Dambrune，Katja Gäbel，Renaud Gavach-Pepin，Alain Mazet，Christophe Pudjak，Blandine Roche，Joachim Ruoff，Cynthia Sours，Laurence Stern，Jérôme van Overbeke（项目团队）
委托人：	兰斯市政局
顾问工程师：	Sudéquip（结构）；XU Acoustique（声学）；Cabinet Labeyrie（信息通讯系统）
施工时间：	1990 ~ 1994 年
铝制构件：	铝板，涂漆，由 Durand 公司车间预制并现场安装，3mm 厚铝片由 Almet（Pechiney）与 Alcan 公司提供；浅灰色（预涂漆）阳极氧化烘干
制造商：	Durand structure（立面）；Pechiney，Alcan

旧车间如今的室内效果

当年使用中的车间

从 Borsig 塔上看旧厂房

BORSIG 厂区复兴工程

柏林，德国

克罗德 · 瓦斯科尼

设计： 位于前西柏林 Tegel–Reinickendorf 的 Borsig 工厂建于 1898 年，厂区占地约为 60hm^2，紧邻 Havel 河。绝大多数 20 世纪的火车机车都是在这里生产的。由于随后发生的产业"突变"，这块地被 Herlitz 公司所收购，并于 1993 年在德国参议院的认可下，准备在这一地区的整个东北角占地约为 20hm^2 的土地上开发一个全新的都市概念区。建于 1924 年高 65m 的 Borsig 塔则成为该地块的实物象征。它与 Borsig 门（Borsig Gate）一起，以它们的塔楼和拱廊为标志，形成了进入柏林大街（Berliner Strasse）的装饰性大门，并且毫无争议地列入该城市知名文化遗迹的名单之中。为了将 Tegel 的南区和北区联系起来，将要在这片废弃的工业用地上建起一个纯粹的城市片断。大型的商业综合体、电影院、休闲设施、办公室、酒店、住宅、研究中心以及科研基地等都将出现在这个 30 万 m^2 的土地上。为了将 Havel 河整合到城市中去，还将建设一条东西向的轴线——都市林荫道——这也是城市开发项目的一部分内容，轴线始于柏林大街的 Borsig 门，途径 Borsig 塔并通抵西边的 Havel 河。目前已经完工的项目是位于 Borsig 塔周边的旧厂房改造工程。尽管（起先）特别留意不想让建筑

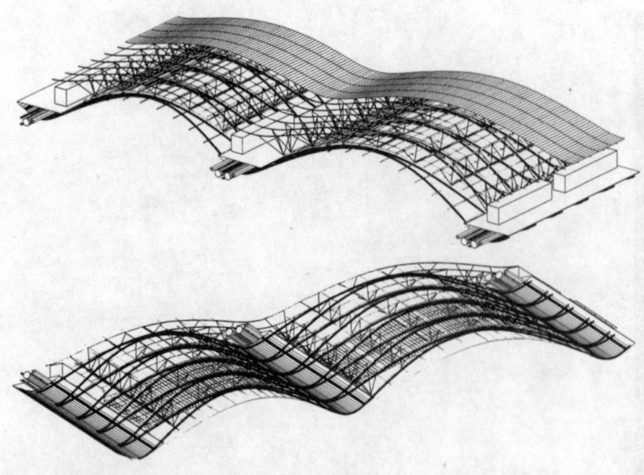

屋面结构轴测图。玻璃屋面之上是穿孔铝板，它既能遮阳又可以将空调设备遮挡起来

办公楼，车间

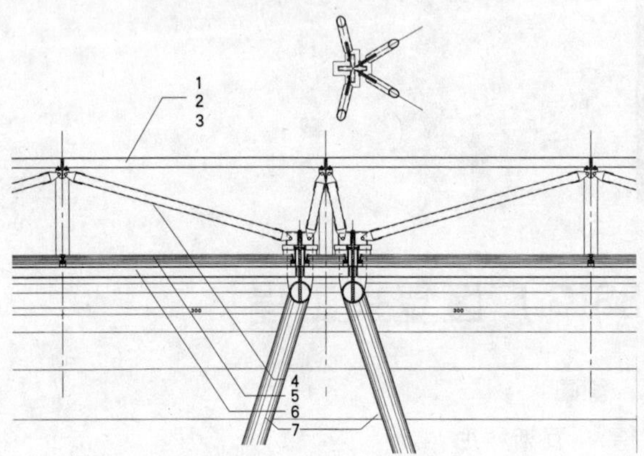

屋面节点
1 T形金属构件
2 穿孔板
3 防鸟装置
4 立柱，101.6mm×6.3mm
5 玻璃
6 檩条，120mm×80mm×6.3mm
7 拱肋，244.5mm×16mm

大厅室内景，跨度 43m

带上怀旧的色彩，但是 200m 长的铸造车间却转变了人们的看法。在这个理念的指导下，一些属于历史遗迹的建筑被整合到新工程中，该工程东起柏林大街，西至一个大型的多层停车库（可停车 1200 辆）。为了遵从历史保护条例保护好这些车间并做到古为今"用"，面向 Werkstrasse 大街历史价值颇高的山墙（3+2）被保留下来。混凝土承重结构，为当年的机车生产提供了无拘无束的大空间，如今又被重新利用起来变成了一个商业中心，此外还加建了一个大厅，新厅的玻璃幕山墙与那些改造后的老车间连在了一起。采用铝板和玻璃组成的波浪形屋面覆盖了所有的六个大厅。这些屋面将不同的建筑单体联系起来，并为其下方的楼层提供了荫凉。六个相互平行的建筑（其中五个是以前的车间，另外一个是新建的大厅）构成了这个购物中心的核心——这种布局尤其适合于这种综合类使用功能的活动。位于这六个体块内的购物中心、影剧院综合体以及休闲娱乐区均为 3 层通高，其上方就是"波浪"形屋面。此外还设有地下层，该大型综合体的货物出入口就设在那里。其中的一个旧车间被改造成整个项目的大型步行区。位于第四大厅的商业街（原来这里曾有一个铸造坑）则种上了成排的树。它将位于 Tegel 北区的购物中心和 Borsig

铝板屋面及波浪形玻璃面

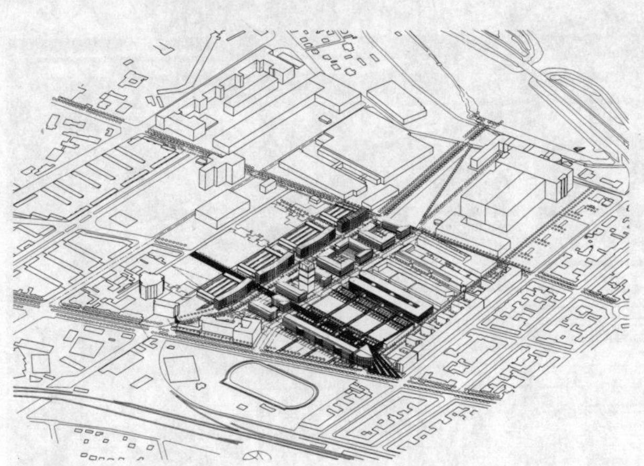

全区轴测图

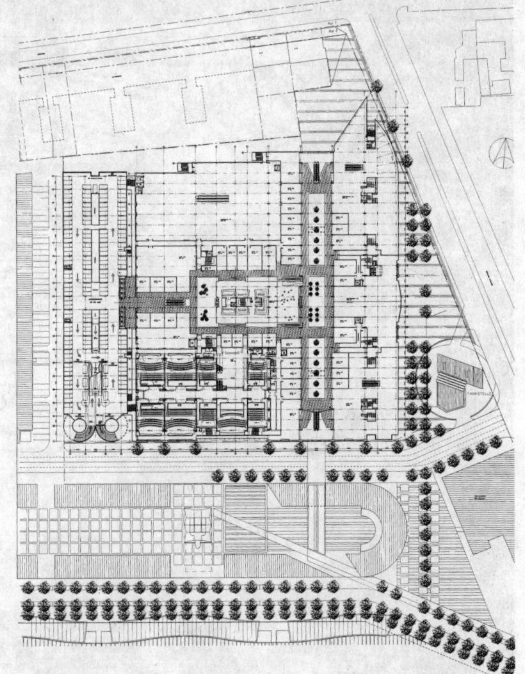

首层平面图

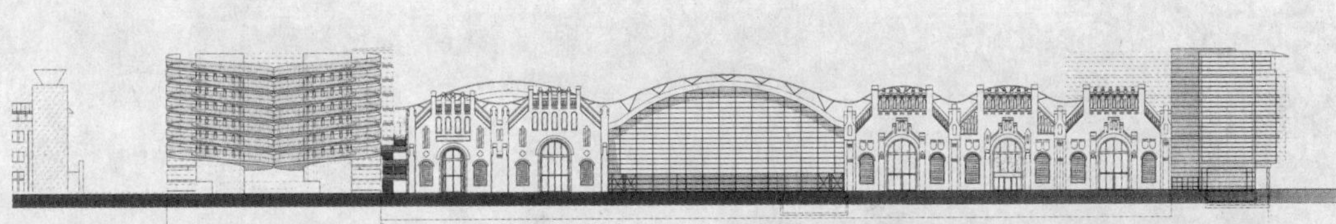

南立面。从左至右：多层停车楼，两个旧车间，新大厅，三个旧车间，办公楼

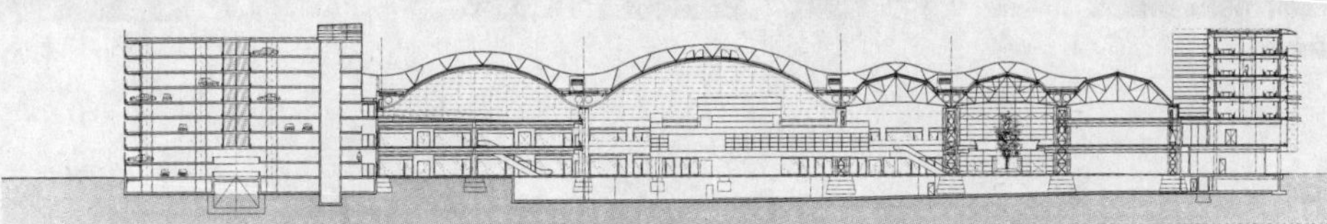

东西向剖面

购物中心室内景

塔与南侧的Borsig门连接起来。综合体中部的众多餐厅形成了一条东西向的纽带，纽带的东起点是柏林大街上新建的一栋五层楼，这栋楼的外墙看上去仿佛安装了很多巨大的“剃刀刀片”（三角形的遮阳板“吸引”着行人走进购物中心），纽带向西则通至九层高的立体停车库。此外，该中心内部还为文化艺术活动开辟了一处空间。

新旧建筑的统一

构造：这个在原有旧车间保留下来的框架中建成的新建筑采用了矩形柱网，柱间距南北向为6m，东西向为12～18m。整体建筑采用了钢结构体系。屋面的大跨结构给人们一种整体连续的感觉，弧形的支撑结构跳跃其间。综合体内部的所有公共空间以及位于第四大厅的南北向购物中心、众多的广场还有交通区的上方都采用了玻璃顶盖——这是一个控制全局的建筑元素，此外，它还将光线引入室内，给这些公共空间提供了照明。屋顶的“波浪”造型为室内的设备管线提供了安装空间。由于大量必不可少的设备管线都采用了这样的安装处理，因此这个综合体内的大多数空间都显得很整洁。

材料：结构构件的表面喷涂了烟灰色的漆。公共区域的地面采用了花岗石地面做法。顺着购物中心一字排开的铺面被钢框架分成了相同的开间，这使得整体的室内感觉十分协调。除去钢材和玻璃之外，用到最多的材料——特别是在东侧的办公楼里——是灰蓝色喷涂铝板。多层停车库的立面也使用了这种铝板，不过采用的是穿孔板。屋面上的穿孔板固定在T形钢龙骨上（1/2 IPE 270），其下就是玻璃屋面，而玻璃屋面又支撑在由立柱（101.6mm×6.3mm）和檩条（120mm×80mm×6.3mm）组成的框架上。整个屋面结构则由管状肋拱（244.5mm×16mm）来承托。

新建筑内的支柱

  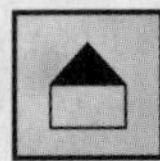 

地址：　柏林路27号，柏林，德国

建筑师：　克劳德·瓦斯科尼；Dagmar Gross（助理设计师）；Guy Bez，Bruno Baudin，Jean Condorcet，Emmanuelle Dambrune，Fabienne Gallet，Mélanie Lallemand–Flucher，Guido Loeckx，Sylvie Magnin，Thierrry Meunier，Bénédicte Ollier，Christophe Pudjak，Susanne Schneider，Donato Severo，Jadwiga Sowa，Cathrin Trebeljahr，Jérôme van Overbeke，Gabrielle Welisch，Claudia Wetzel（巴黎项目组）；Jürgen Mayer–Douarre，Matthias Hoffend，Marc Stroh，Larissa Olufs，Helga Falkenberg，Britta Heiber，Arnaud Maurel，Hervé Proby，Detlev Heintz（柏林项目组）

委托人：　RSE Projektmanagement AG（前身为Herlitz Falkenhöh AG）.

顾问工程师：　Prof.Polonyi+Fink GmbH，Ingenieurbüro für Bauwesen（结构）；
HL Technik AG and Ebert Ingenieure（设备）；
Bau–Contor Adam and Ingenieurbüro Stefan Gräf&Partner（桩基）

施工时间：　1994～1999年

铝制构件：　Rinaldi提供铝板，2mm厚；
Zambelli提供穿孔铝板

制造商：　Almet/Pechiney

这个交通中转站在格林威治半岛上舒展着它的翅膀

30m 宽的地铁出入口上方是用纤细的支柱支撑的屋顶

格林威治交通中转站

格林威治，英国
福斯特事务所

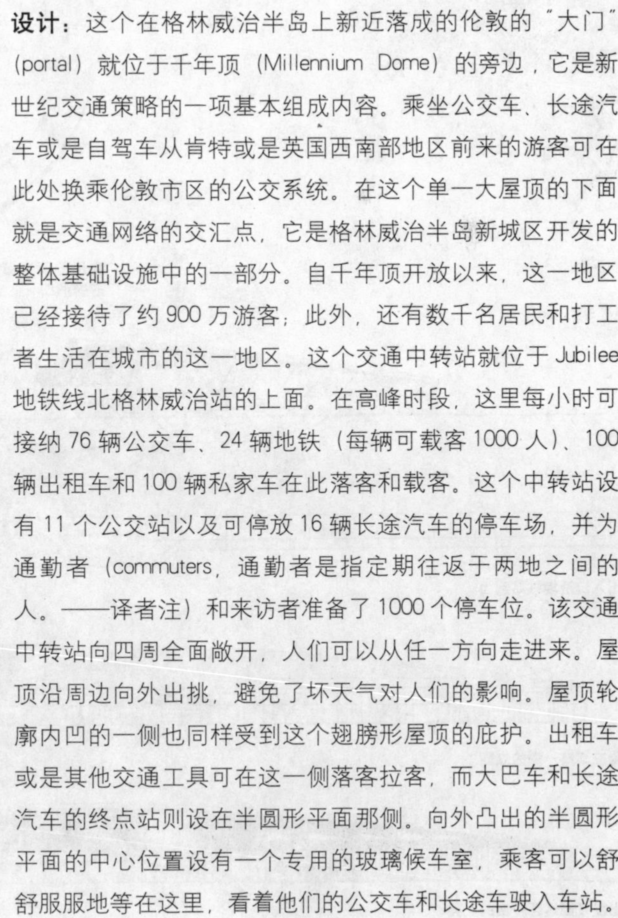

设计：这个在格林威治半岛上新近落成的伦敦的"大门"（portal）就位于千年顶（Millennium Dome）的旁边，它是新世纪交通策略的一项基本组成内容。乘坐公交车、长途汽车或是自驾车从肯特或是英国西南部地区前来的游客可在此处换乘伦敦市区的公交系统。在这个单一大屋顶的下面就是交通网络的交汇点，它是格林威治半岛新城区开发的整体基础设施中的一部分。自千年顶开放以来，这一地区已经接待了约 900 万游客；此外，还有数千名居民和打工者生活在城市的这一地区。这个交通中转站就位于 Jubilee 地铁线北格林威治站的上面。在高峰时段，这里每小时可接纳 76 辆公交车、24 辆地铁（每辆可载客 1000 人）、100 辆出租车和 100 辆私家车在此落客和载客。这个中转站设有 11 个公交站以及可停放 16 辆长途汽车的停车场，并为通勤者（commuters，通勤者是指定期往返于两地之间的人。——译者注）和来访者准备了 1000 个停车位。该交通中转站向四周全面敞开，人们可以从任一方向走进来。屋顶沿周边向外出挑，避免了坏天气对人们的影响。屋顶轮廓内凹的一侧也同样受到这个翅膀形屋顶的庇护。出租车或是其他交通工具可在这一侧落客拉客，而大巴车和长途汽车的终点站则设在半圆形平面那侧。向外凸出的半圆形平面的中心位置设有一个专用的玻璃候车室，乘客可以舒舒服服地等在这里，看着他们的公交车和长途车驶入车站。

吊在屋顶下方的照明灯具有两个作用：其一，锥形的灯光直接为其下方的空间提供照明；其二，灯光照亮铝板顶棚之后，通过光线反射为地面提供间接照明

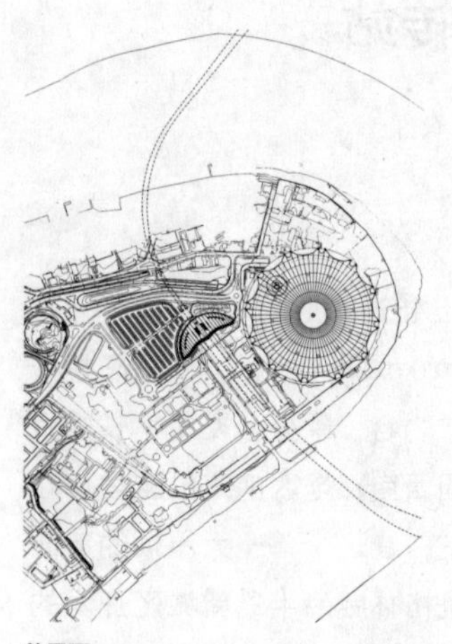
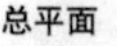

总平面

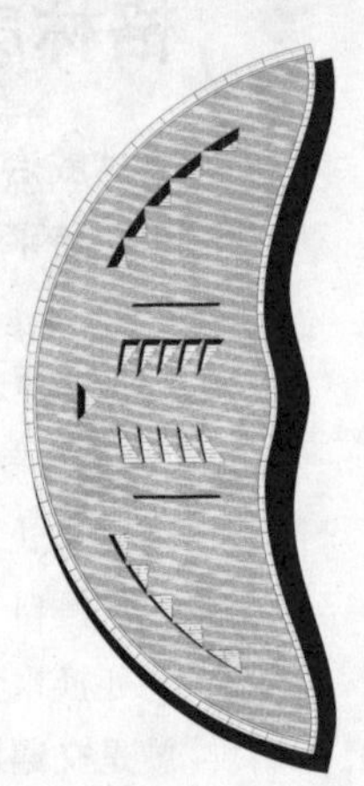

翼形屋顶平面及屋面上的三角形窗洞口

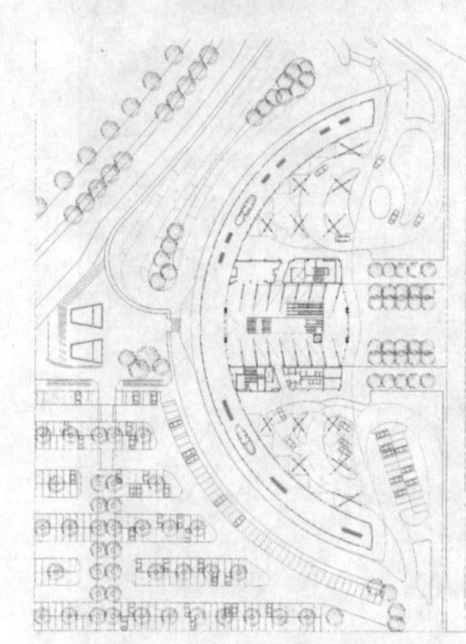

首层平面

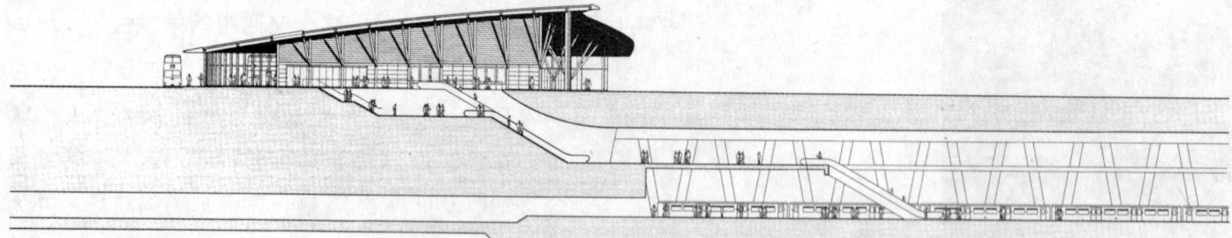

出入口及地铁站剖面

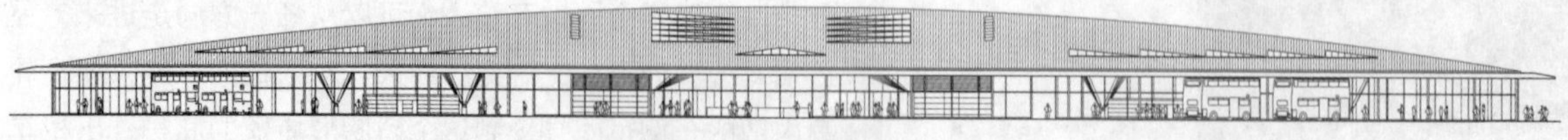

公交车站一侧的立面

出发及到达区一侧的立面

玻璃候车室与屋面交接节点

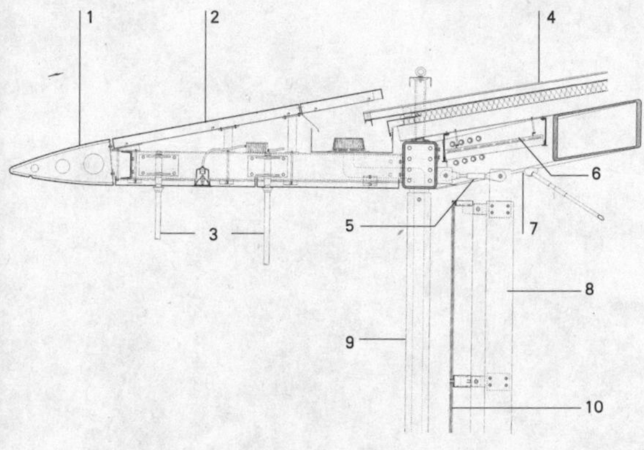

候车厅玻璃面与屋顶交接处节点构造
1 铝收头
2 铝屋面檐口外
3 标牌挂钩
4 铝屋面支撑结构
5 活动连接件（活塞连杆）
6 表面为天然氧化膜的压延铝管
7 照明灯具固定点
8 抗风柱
9 低碳钢外墙立柱
10 玻璃面

构造：决定整个设计理念的主要元素就是屋顶的造型，它让人们想起一只展开的翅膀。屋顶事实上是一段弧度非常缓的球面，直径为 1km。它的跨度为 160m，将整个中转站遮盖起来。屋面面层采用了反射铝板，其间开有多个三角形的窗洞口，光线可由此进入室内。这个建筑位于地铁站的正上方。为了满足流通不受任何约束的要求，最终得出了这个造型。沿公交终点站的弧形边缘展开的柱子同时也是候车室竖向玻璃外墙的支撑（该建筑共有 2300m^2 的玻璃面）。枝状的钢柱承托着出发与到达区的屋面以及地铁出入口上方跨度 30m 的屋面，而枝状的钢柱下端则固定在纤细的立柱上。采用悬挂结构的外围护玻璃墙可以让人们免受坏天气的影响；屋顶的开洞也有助于建筑内部的自然通风。悬挂在屋顶下的灯具有两个作用：锥状的灯光不仅照亮了铝板顶棚，而且铝板又将光反射回来为地面提供了间接照明。

材料：“瓜皮帽”（calotte）屋顶，来自于直径为 1km 的球体，其最低点距地 5m，最高点距地 12m，这就要求屋面材料在施工中能够承受一定程度的必要弯曲，同时屋面的弧形设计也要求所采用的材料应该能够加工出多种形态的板材。这个交通中转站的屋面采用了 6500m^2 的 Kalzip (Kalzip 是一种金属防水屋面，由于采用直立锁边技术来拼接板缝，因此从构造上杜绝了渗漏的可能。国家大剧院就是该屋面体系在国内的一个重要实例。——译者注）金属屋面体系，板的表层是天然的氧化膜，板厚 0.9mm，宽 30mm。每一片瓦楞板都是一整块独立的板块（最长达到了 60m）。

壳体较低一侧的屋面采用了 Kal-Dek 板，考虑到施用长度太长，因此在施工中不得不采用一项新技术：就是使用活动设备在现场对 Kalzip 屋面板进行加工处理。便携式曲板加工机将不同的曲板加工定型。屋顶的边缘采用了 3mm 厚的铝管，表面采用了聚酯粉末喷涂工艺（RAL 9006），吊顶采用了直径为 50mm 的阳极氧化铝构件。玻璃酒吧也是用铝件搭建的。

地址：	格林威治，伦敦，英国
建筑师：	福斯特事务所，伦敦 Sir Norman Foster with David Nelson，Robert McFarlane，David Summerfield，Russell Hales，Hannah Lehmann，Daniel Parker，Clive Powell，James Risebro
委托人：	伦敦交通局，David Bailey
顾问工程师：	Anthony Hunt Associates（结构）；Max Fordham&Partners（设备）；Claude Engle（灯光）；Land Use Consultants（景观）
施工监理：	MDA Group UK
项目管理：	伦敦地铁公司管理服务部，政府项目咨询公司项目经理
施工时间：	1995 ~ 1998 年
铝制构件：	Kalzip type 300（65mm×300mm）
制造商：	Hoogovens Aluminium International

新的北入口、世纪大道以及五号馆（Palais 5）后面的原子塔

去往不同楼层的通道

木结构及钢筋混凝土结构

布鲁塞尔展览中心

布鲁塞尔，比利时
Samyn 事务所

设计：当年，布鲁塞尔市委托建筑师 Joseph van Neck 为 1935 年的世博会设计了一个大型综合体建筑。当时预计至少会有 2000 万游客前来布鲁塞尔参加这一盛会。此后，大量新建筑的出现使得这片区域不断扩张开来，之后又在这里举办了 1958 年的世博会，这里成为比利时首屈一指的举办展览以及重要集会的场所（车展、娱乐产业博览会等）。在 1935 年的世博会期间，从市中心前来的公众一般都是步行或是搭乘有轨电车。位于世纪大道（boulevard du Centenaire）尽头的比利时广场（de Belgique）上的柱廊和水池成为展区出入口的标志。

1958 年的世博会在 du Heysel 高地举行，出入口不仅因五号馆（palais 5，由 Jacques Dupuis Albert Bontridder 设计，博览会结束后被拆除）的玻璃幕墙得到了突出，此外还设计了一条从五号馆到原子塔（由 André、Jean Polak 设计）的中轴线。

在当时，由于汽车的使用以及由此带来的交通流量都在引人注目地增长着。为了保证大量驶向世博会的汽车通行的需要，布鲁塞尔的街道进行了相应改造。从此，人们进入会场的方向更多的时候是来自建筑后侧的停车场；这里能够停放高达 12000 辆交通工具，并且由于直通公路因此尤为便利。绝大多数的公交车站也设在这一侧的罗马公路上，也因此更加强化了这一发展趋势。超过 70%的游客（每年 100 万人）以及货运车也都是先抵达建筑的“后方”。因此，为了让“北通道”变成真正的出入口，很显然还需要

整体外观

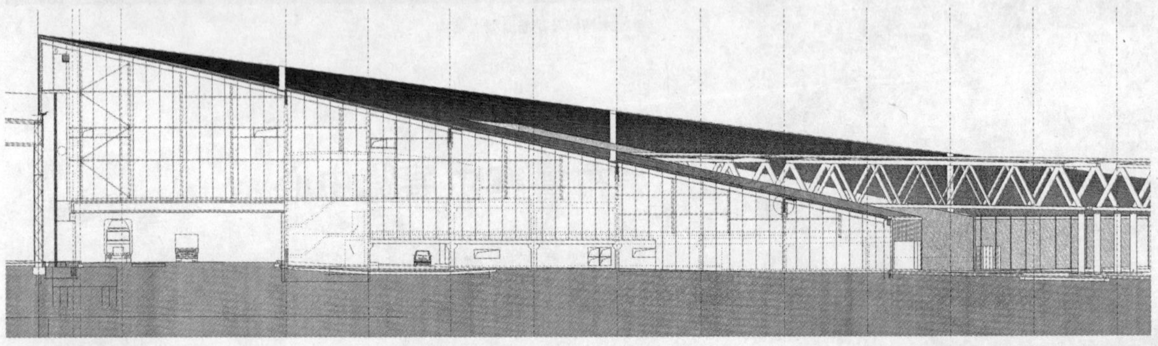
入口大厅剖面图

室内景，位于中部的大通道插入双曲抛物面之内

进行相关基础设施的建设。展场需要一个真正意义上的"门脸"（所有馆加在一起总共占地 14 万 m^2）——正如其他那些国际展览中心一样，展会结束之后，就会将重点转为建造一个巨大的让人印象深刻的门区上去。门区设计的关键问题就是如何去充分利用余下的三角形用地，在 Samyn 事务所提出的方案中"阿斯特丽公主"馆（"Princess Astrid" Pavilion）占有很重的分量。新建筑最主要的构成要素就是一个巨大的双曲抛物面屋顶。一个用木头和玻璃构成的桥将屋顶与停车场联系起来，桥宽 10m，长 86m，横跨在罗马公路之上。这个翅膀造型所具有的冲击力就在于它的朴素造型（造价：446/m^2）以及对光线的巧妙运用上。

双曲抛物面的锥形造型使得位于用地尽端的建筑端头非常尖细，但同时也给人们留下了很深的印象。"阿斯特丽公主"馆，从地面架起 6m 的净空，由此提供了一个带有顶盖的步道可通至其他展馆。楼梯及自动扶梯将访客从入口引领到连通各个展馆的中央大道上。货运区则位于入口楼层之下。上一层楼面设有众多服务设施，诸如售票、安保、信息中心、寄存、公共卫生间等。这个双曲抛物面的建筑里还有两个餐厅分设在不同的楼层上，游客可以很容易地从入口楼层进入其中的一个餐厅，或是从室外展场及罗马公路进入另一个餐厅。还有一些设施是为将来考虑的，例如：商业中心、新闻中心，室内花园以及一个儿童游乐场等。

构造及材料：布鲁塞尔展览中心入口门厅上方的屋面采用了双曲抛物面的壳体造型。屋面由天然本色的铝板（Kalzip 400 型屋面体系）内衬 100mm 厚玻璃面保温层构成。采用"暗装"固定方式（固定卡子无需穿透屋面）的直立锁边铝板直接在现场用专门的设备处理纵向的拼缝。固定卡子上均带有保温垫以避免出现冷桥现象；固定卡子不仅可以轻松对付因风所造成的正负压力的问题，而且还可保证槽型板面沿长向的胀伸不受约束。用来固定屋面铝板并设有保温垫的 L–100 型非铆接固定方式的固定卡子被安装在镀锌压型钢板的屋面板上，卡子与钢板之间还设有一道隔汽层。固定卡子从玻璃棉保温层中穿出来。固定点——最主要的受力点—采用 Ω 形断面的镀锌钢龙骨（50mm 高）做支撑，直立锁边则采用铆钉固定在卡子上。镀锌钢板与胶合木主体结构相连接，支撑在钢筋混凝土柱和木柱之上。

整个建筑覆盖了 26000m² 的范围，柱网规格为 15.0m×16.2m。站牌、屋脊、排水槽以及板的侧面封边全都是用铝制瓦楞板做成的。

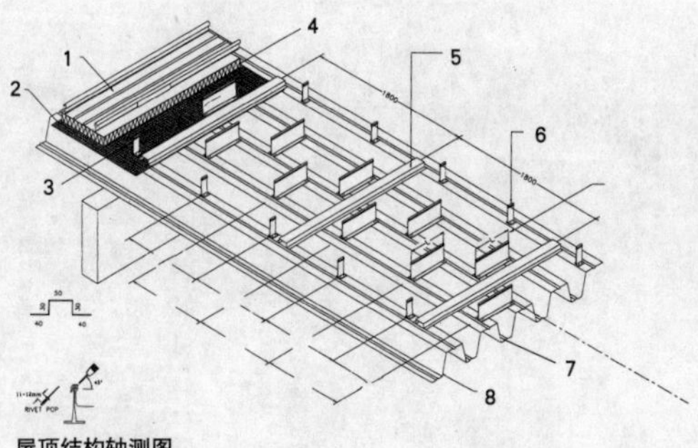

屋顶结构轴测图
1 Kalzip 屋面板
2 隔汽层
3 L–100 型固定支架，上沿设有保温垫，不设热铆铆钉。
4 玻璃棉保温层
5 固定点处的 Ω 形断面的框料
5A Ω 形断面的框料细部，2mm 厚镀锌钢框
6 L–100 型固定支架，L=58mm
7 固定点
7B 固定点细部
8 钢壳体结构

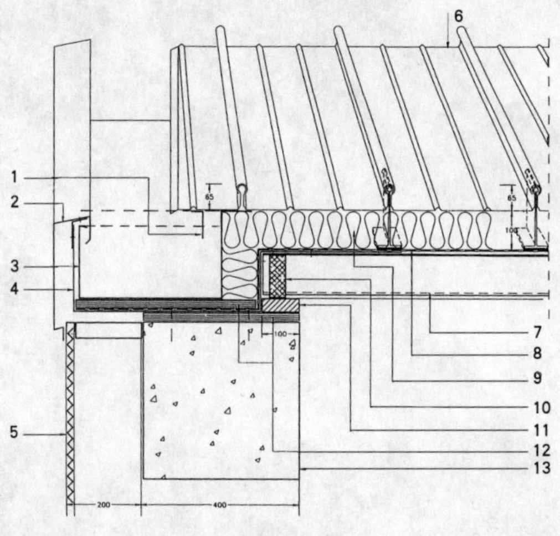

檐口细部
1 滴水板
2 铝带
3 铝制檐沟
4 Halpaco，折板
5 结构框架上的金属
6 Kalzip 屋面板
7 不锈钢顶棚
8 隔汽层
9 保温层
10 嵌缝材料
11 木质梁托
12 18mm 厚复合板
13 梁

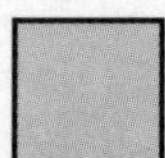

地址：　罗马公路，布鲁塞尔，比利时
建筑师：　Samyn 事务所，布鲁塞尔
Gh. André, Y. Avoiron, F. Berleur, B. de Man, J.–P. Dequenne, A. d'Udekem d'Acoz, F. el Sayed, T. Henrard, L. Kaisin, D. Mélotte, N. Milo, J. Y. Naimi, N. Neuckermans, T. Provoost, J. P. Rodriguez Samper, Q. Steyaert, P. Samyn, B. Thimister, G. van Breedam, M. Vandeput, S. Verhulst（设计项目组）
顾问工程师：　Samyn&Partners and Setesco–G. Clantin, L. Kaisin, J. Schiffmann, P. Samyn（结构）；Atenco, C. De Baeker（室内）
委托人：　布鲁塞尔展览公园
施工时间：　1995 ~ 1999 年
铝制构件：　Kalzip type 400（65mm×400mm）
制造商：　Hoogovens Aluminium International

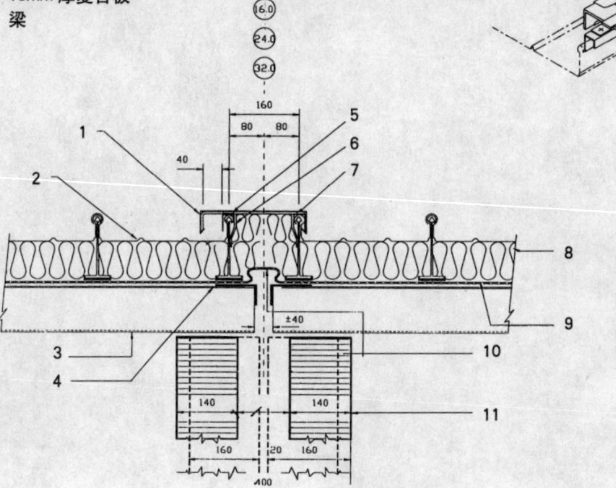

伸缩缝节点——轴测图与剖面图
1 异型钢带盖缝
2 Kalzip 屋面板
3 镀锌钢板
4 内侧条，镀锌，缝宽最大 80mm
5 边板，用夹子固定
6 边夹
7 5mm 厚铝板，间距 900mm
8 保温层
9 隔汽层
10 考虑热胀效应的隔汽层
11 胶合木屋架

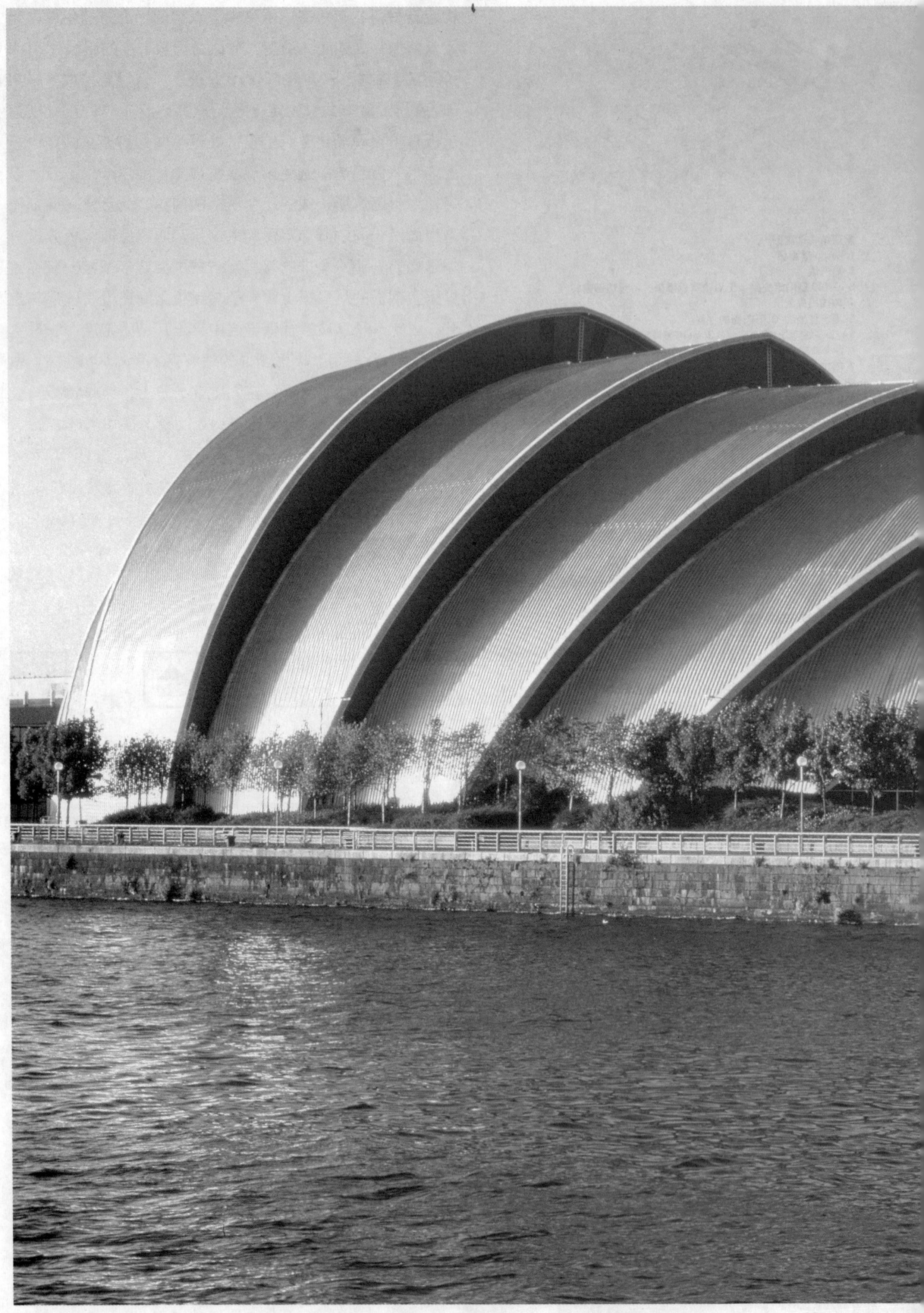

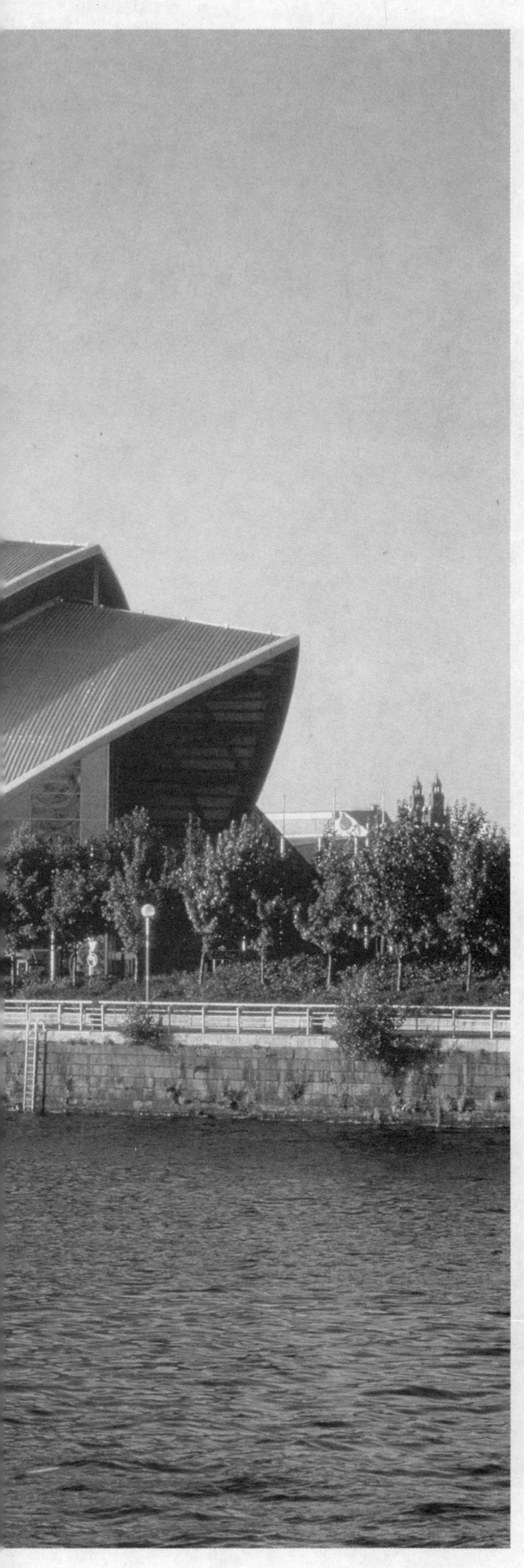

相互嵌套的八个壳体给苏格兰的天际线增添了一道独特的剪影

会议中心及工业剧场

格拉斯哥，英国
福斯特事务所

设计：对于能够举办国际活动的空间的需求从未间断，与此同时，对于举办其他各类活动的空间的需求也在日渐增加。然而，只有为数不多的几个地方可以在不同的楼层同时举行会议、展览、表演、音乐会以及连带发生的其他各类活动——无论是小规模的活动还是世界性的活动。位于格拉斯哥的苏格兰会展中心有 40m 高，140m 长，使用面积达 13000m^2。在英国，它是类似综合体中最大的一个，而在整个欧洲，它也是能够召开 3000 人以上会议的仅有的四个综合体之一。这个有着铝壳屋面让人印象深刻的建筑坐落在克莱德（Clyde）工业区内、原女王码头（Queen's Dock）造船厂的用地上。相互嵌套的八个壳体给苏格兰的天际线增添了一道独特的剪影。这个"工业剧场"的基本理念中最为重要的一点就是，设计一个中性的环境（但却配备了大规模的服务设施），让组织者能够用来举办众多不同内容的活动。三个楼层的会议室共设有 3000 个固定座席。建筑内还设有舞台以及其他必需的"后台"设施。此外，还考虑了能让大货车直接开到舞台上的可能性。主厅不仅直通大展厅；而且厅内还为各种会议配备了电子投票系统、同声传译系统以及视听控制设施等。访客首先抵达的是中心的东侧。一大片玻璃面突出了入口门厅的位置。人们可由此直接进入一个规模略小的 300 座会议厅，也可乘坐自动扶梯或是电梯去往二层门厅。这个门厅衔接了 3 层通高的主厅及多个展示区和休闲区。

入口玻璃面夜景

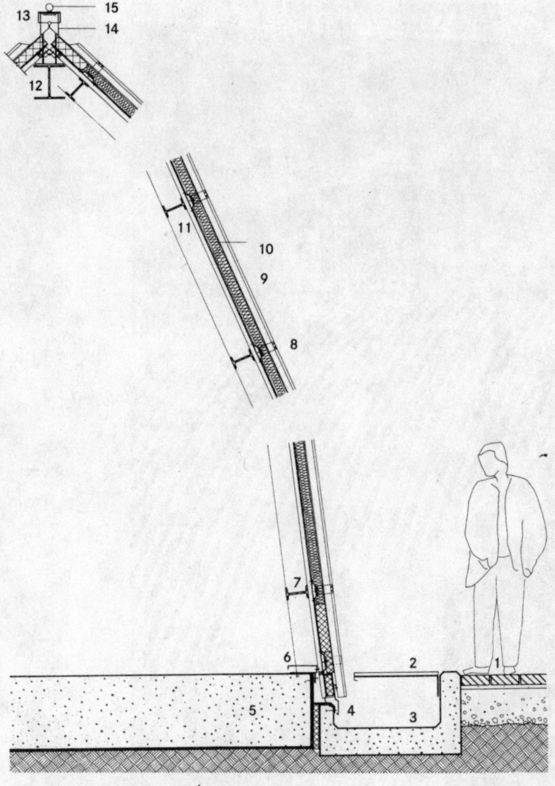

屋顶结构断面

1 200mm×600mm×60mm 中灰色铺地砖，其下层为 50mm 厚的碎砂石
2 钢制镀锌排水沟篦子
3 钢筋混凝土（强度 C50）排水沟
4 1.2mm 铝制压花基础防水板
5 300mm 厚钢筋混凝土首层楼板，其下层为隔甲烷及防水用的涂膜
6 用于底部固定之用的镀锌槽钢
7 152mm×89mm 镀锌钢结构次檩条
8 ST60 固定件安装在 1.6mm 厚的镀锌钢板顶面上
9 305mm 宽 Kalzip 直立锁边压花铝饰面板
10 岩棉保温层由 100mm 厚压缩至 80mm 厚
11 32mm 厚非结构受力板，其上设有“monarflex”隔汽层
12 三角形桁架结构的 254mm×254mm 钢制脊檩，表面喷漆（颜色：BS 00-A-09）
13 80mm×80mm 镀锌 RHS 脊柱，表面采用压花铝饰面
14 压花铝屋脊防水板
15 固定于脊柱上的插销结构体系的不锈钢吊环螺栓

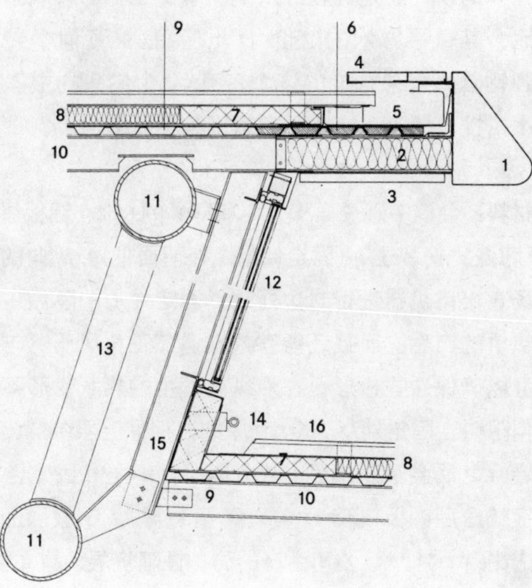

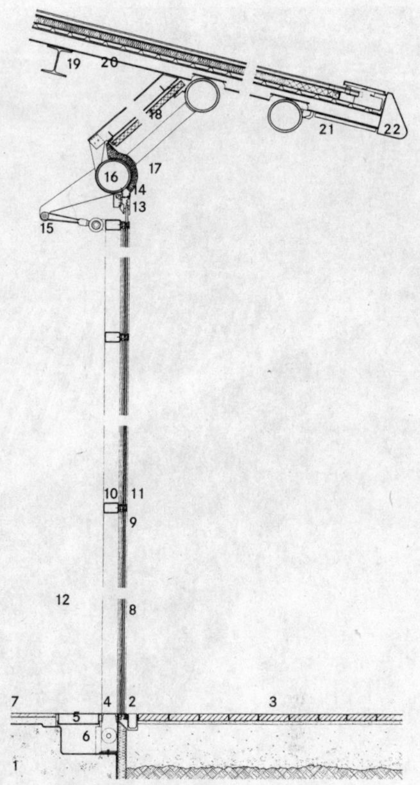

出入口剖面，外墙玻璃与屋顶交接节点

1 设于隔汽层与防潮层之间的 100mm 厚刚性保温层
2 建筑外墙周边排水沟上的镀锌钢格栅
3 200mm×100mm×60mm 中灰色铺地砖，其下层为 50mm 厚的碎砂石
4 152mm×89mm 镀锌 RSC 安装钢板
5 沿墙周边铺设的供暖沟格栅
6 沿墙周边铺设散热器
7 600mm×600mm “Charcon” 室内铺地砖
8 24mm 厚双层玻璃面（6mm 钢化玻璃，12mm 厚空气层，low-E 膜位于第三面）
9 62.5mm×3mm 用天然铝加工的压制板
10 150mm×100mmRHS 钢结构立框，表面喷漆（颜色：BS00-A-09）
11 采用银本色阳极氧化咬合式铝构件制成的槽形横梁
12 弓形钢结构立框
13 25mm 厚银本色（双面）阳极氧化复合铝板
14 3mm 银本色阳极氧化铝盖片
15 不锈钢型材通过 6mm 厚的钢支架采用铰接的方式固定在拱的下层横梁上
16 356mm×17.5mm 拱横杆，表面喷漆（颜色：BS 00-A-09）
17 3mm 厚 PPC 铝制弧形板，其下层的“岩棉”保温板由 100mm 厚压缩至 60mm 厚
18 75mm 厚塑料溶胶涂层的复合板
19 254mm×254mm 钢结构主檩条，表面喷漆（颜色：BS 00-A-09）
20 152mm×89mm 的镀锌钢结构次檩条（顺着拱开 V 形凹口）
21 0.9mm 厚的铝制腹面板（金属银色）
22 由许多小块面构成的 3mm 厚 PPC 铝制圆包角

壳体收边构造以及与下方壳体的交接节点

1 由许多小块面构成的 3mm 厚 PPC 铝制圆包角
2 半刚性“岩棉”保温层
3 0.9mm 厚的铝制腹面板（金属银色）
4 由许多小块面构成的 2mm 厚 PPC 铝盖板
5 由许多小块面构成的排水沟内设“Sarnafil”防水层
6 刚性“岩棉”填充物
7 刚性硬岩“岩棉”保温板
8 岩棉保温层由 100mm 厚压缩至 80mm 厚
9 32mm 厚非结构受力板，其上设有“monarflex”隔汽层
10 152mm×89mm 的镀锌钢结构次檩条
11 356mm×17.5mm 拱横杆，表面喷漆（颜色：BS 00-A-09）
12 75mm 厚双层玻璃面
13 193mm×8mm 拱架内支撑
14 插销式支撑体系的压花铝饰面
15 152mm×89mm 镀锌钢拱架立柱
16 305mm 宽 1.2mm 厚采用直立锁边的 Kalzip 压花铝饰面板

铝板饰面的壳体采用镀锌钢桁架和钢檩条结构体系。弧形包角以及上下两侧的收边共同构成了壳体的边缘线。玻璃外墙的窗框也同样采用了银本色的阳极氧化铝构件

格拉斯哥苏格兰会展中心的屋顶侧立面

构造：建筑上那些充满力道的线条、材料的运用以及建筑细部处理等方面无不体现了设计上的灵活性以及控制造价的思想。对于主厅及其附属空间的外围护方案而言，八个壳体的设计还是比较经济的。事实上，与传统会议中心相比，其每平方米的造价（1992 英镑）可谓相当低廉。由圆钢管薄桁架构成的这个带有 10 个尖头的主体拱形结构上搭接着檩条（镀锌工字钢）等次要结构。

材料：会议中心总面积为 10600m^2 的 Kalzip 铝板屋面采用了"隐藏式安装法"（固定件隐藏在屋面下）。纵向的立肋在现场直接用机器进行封边处理。固定件上的隔热垫可以避免热桥的产生，而且还能有效地调节正负风压，与此同时还可以确保这些槽形板在沿纵向发生的热胀变形不会受到任何阻碍。固定件从 100mm 厚的岩棉保温层中穿出来，这层岩棉之后会被压缩到 80mm 厚。保温层和固定件的下方是镀锌压型钢板（32mm 高，0.7mm 厚）。钢板层上方设有一道由"monarflex"公司生产的防护性隔汽层。屋面板（1.2mm

玻璃面与屋顶交接处特写

厚，曲率半径为 38m）是用一种称为 Kal—Alloy（也称为 Alclad）的板材加工而成的。这种板材最早用来制造飞行器，它是由铝合金内芯（3004—AlMnMg 1）及其内外表面的铝锌合金（4%）（AA7072—AlZn 1）镀膜构成的。铝合金表面采用仿石压花处理使其耐久性有了显著的提高。Kalzip 板的固定点必须能够承担雪荷载的压力，此外，由于这些固定点位于拱脊处，因此板面受热膨胀时将会向地面方向伸展。每一层的壳都呈 1/2 个拱形，并由四块极限尺寸的连续板面构成，也就是说，每一块板最多可以覆盖 14m 宽的屋面。这些板在现场进行对缝焊接（焊缝总长度达到了 3.6km）。壳体的边缘是用矩形铝构件（上层 2mm 厚，下层 0.9mm 厚）搭接而成的。铝制弧形收边（3mm 厚）的后面暗藏着一个 PVC 排水系统，雨水将由此沿着壳体的斜边排至地面，并由地面上设有镀锌钢制雨水篦子的混凝土排水沟引走。玻璃外墙的窗框采用了银本色阳极氧化铝构件。

 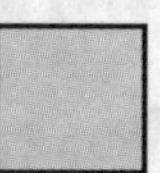  

地址：　苏格兰会展中心，格拉斯哥，英国
建筑师：　福斯特事务所，伦敦
委托人：　SECC Glasgow
顾问工程师：　Ove Arup（机械与电气设备，土木结构工程）；
Turner Townesend Project Management（项目管理）
施工时间：　1995 ~ 1998 年
铝制构件：　Kalzip，Kal—Alloy type 305（65mm×305mm）
制造商：　Hoogovens Aluminium International

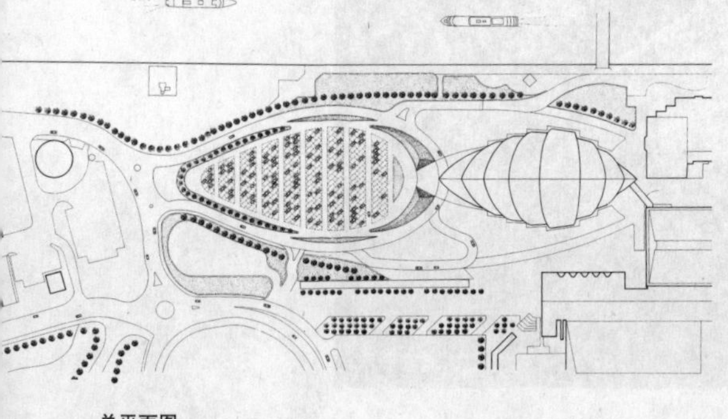

总平面图

屋顶结构原理

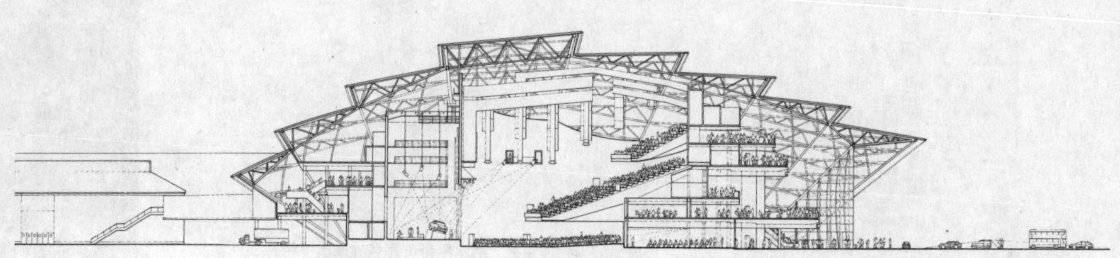

纵向剖面

扩建体铝屋面仿佛飞鸟一般，它的造型决定了结构构架的形态。与该屋面形成对比的是布满构架的中庭屋面，构架将这一体块的屋面和楼板悬吊在空中

西立面

铝屋面的构架，铝板上的水平带与彩色玻璃面交相辉映

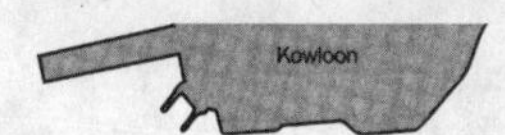

维多利亚湾

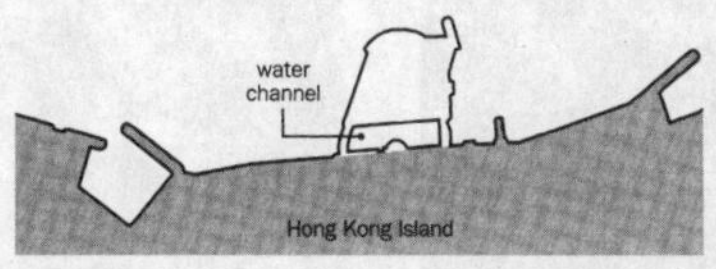

区位图

香港会展中心

香港，中国

SOM 事务所及王欧阳事务所

设计：香港会展中心新楼（HKCEC）坐落在维多利亚湾里的一个人工小岛上。它是在原有中心基础上进行的扩建项目；新老两个中心总计使用面积为 15 万 m^2。新中心内设有一个 4500 座的会议厅，以及总面积为 28000m^2 的 3 个展览厅，另有 2 个剧场、52 个会议室、7 个餐厅，此外还设有相关服务设施用房等。一个 120m 长的中庭将新旧两个中心连接起来，同时还提供了充足的展览空间。每个楼层的交通空间均设有大片的玻璃面，它为人们提供了维多利亚湾绝佳景观的同时又将充足的光线引入室内。1997 年，正是在这个新中心内举行了英国正式向中国交还香港主权的仪式。

主厅屋面的净跨度为 80m，屋盖距地的高度达到了 14m。中心内的三个楼层均设有货物出入口。尽管该中心是建在海中回填出的一块场地上，但是诸如电车路网、地下管线规划等基础设施工程等问题也同样需要在设计和施工中予以考虑。会展中心的几个弧形屋面为香港的天际线增添了纪念碑式的雕塑性语汇。300m 长犹如翅膀一般的屋面水平展开，与其身后岸上的那些挺拔的柱状高层形成了鲜明的对比。此外，它也体现了中国人民内心之中对稳

主入口

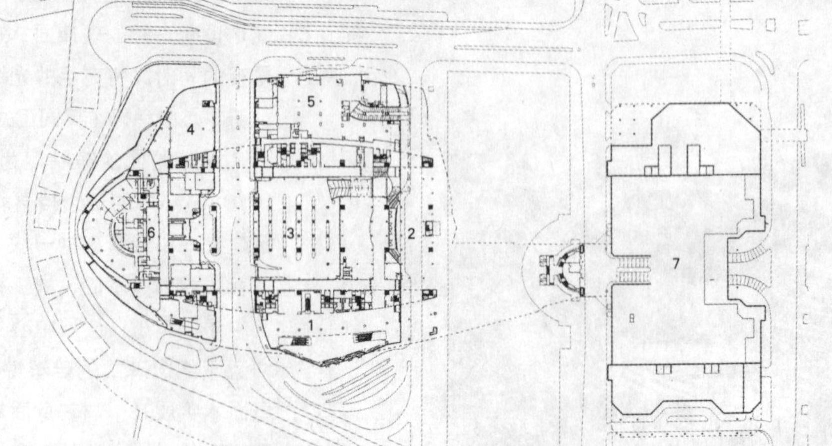

首层平面
1 主门厅
2 公交落客点
3 货车调度站
4 餐厅
5 管理区
6 商店
7 原有建筑，码头

定的祈愿。该工程在规划设计阶段还多次咨询了风水师的意见，以确保建筑能够符合当地的文化审视标准。

构造：由于钢筋混凝土在香港相对比较便宜，因此本工程采用了钢结构和钢筋混凝土的混合结构。这也使得施工进度得到了加快。钢筋混凝土承重墙是在现场浇注的，跨度达到 80m 的屋顶桁架则采用了产自英国和美国的钢构件，不过屋架的组装却是在菲律宾完成的。屋顶桁架用驳船运到了香港，并在紧靠用地的一个海军码头上卸货上岸；而后再通过滚轮运到工地上。这些桁架支撑着建筑中部的大屋面，屋面又挑出在下层楼面之外。

香港会展中心最突出的建筑特点就是它的屋面造型，它让来访的人们联想起鸟类的翅膀。这一结构的几何造型是通过多个翅膀的旋转、剪切、组合等方式抽象拼贴而成。屋面从最高点，每隔 14m 设一榀桁架（总共 13 榀大桁架，净跨 80m），逐渐向下跌落，在西侧，它变成了为步行前来的人们设置的出入口上方的雨篷，而在东侧则成为行政办公出入口上方的雨篷。由于屋面的这种形态，因此所有的屋顶桁架互不相同。次桁架横跨在主桁架之间，用来承载屋面面层。大量的钢结构构架，平板式的或是棱柱式的，构成了屋面弧形部分的支撑结构。而这些象“桥”一样的联系构架本身既不是拱形的，也不是弧形的。建筑外立面围护结构由铝板幕墙以及玻璃幕墙构成，用横向以及竖向的钢管构架作支撑，而这些钢管构架又搭接在直径很大的柱子上。水平钢框架的间距视玻璃面的高度而定，它们横跨在 13m 多的柱间并且承担着来自水平方向的风荷载。竖框则从屋顶联系构件上悬挂下来，竖向的变形通过设置在幕墙第一窗格顶部的活动钢构件来调节。所有框架的安装都采用一头固定另一头设有滑动支座的方式。这样可以有效地化解竖向的变形；对于幕墙而言，不仅应该确保它在长向上有足够的变形量以应对由于太阳辐射所导致的热效应，而且还要能够调整巨大的风荷载（尤其是台风）所造成的屋面变形。

承托玻璃幕墙及铝板顶棚的框架

材料：虽然希望建筑能够最大限度地向周边环境开敞，但同样也注重利用屋面出挑、选择合适的位置设置玻璃面以及安装铝制遮阳板等方式来控制进入室内的太阳辐射热。为了应对多种多样而又不断变化的环境条件，新建会展中心的外墙采用了多种不同材料的幕墙，有些地方使用了透明玻璃，而另一些地方则使用了不完全透明的玻璃。有大量人员聚集的场所，玻璃就要尽可能地透明，这样，来访者就能够享受到窗外海湾的美景。对于那些纯粹满足人们从 A 到 B 的水平或是垂直通行为主要目的的空间，如中庭，

西立面
1 用竖向龙骨支撑的彩色玻璃和铝板幕墙
2 玻璃，花岗石以及铝格栅
3 水平龙骨支撑的玻璃幕墙
4 玻璃格栅墙
5 玻璃天窗
6 用竖向龙骨支撑的透明玻璃和铝板幕墙

幕墙及铝板屋面

就采用了低透明度的玻璃。至于那些对视线通透感要求非常高的场所，如 40m 高的大厅或是几层通高的主入口等，不仅要采用透明玻璃，而且还要采用精巧的管件来做玻璃的支撑结构，这样可以避免对人们的视线造成遮挡。

玻璃面被铝制水平遮阳板所打断。在那些有可能遭受大量太阳辐射热的地方采用保温铝板并配以绿玻璃或是蓝玻璃。与竖向玻璃面垂直的玻璃肋则固定在水平龙骨上，而水平龙骨又固定在从屋顶结构上悬挂下来的竖向立框上。

屋面——从内皮到外皮的构造做法是——前面提到的“桥”形金属桁架（它直接连接到主桁架上），腹杆及张拉索，保温层，弧形金属网架（通过高度调节构件直接固定在“桥”形桁架平整结实的表面上），钢筋混凝土屋面板，单层聚乙烯基涂膜，设有铝龙骨的饰面板。弧度很小的屋面则在龙骨上直接安装平面铝板。压延铝框（内设雨水收集装置）通过金属网架直接固定在“桥”形桁架上。

这种结构体系对于抵抗台风造成的巨大风荷载十分有利。刮台风时，每平方米屋面的降水量非常之大，因此就必须设置排水系统以排除如此大量的积水。在这种情况下，排水系统需应设置在不同体块的交接处以及屋面的檐口处，以确保能在最短的时间内快速排除屋面积水。由于屋面面积非常大，因此热效应所导致的建筑变形多数时候都得用厘米计而非毫米。构架所产生的横向变形可以借助龙骨之间铝板的变形来抵消。但是纵向发生的变形则处理起来有一定难度，因为出于防水的考虑，板与板的接缝都设计得非常严密，因此屋面上越是平坦的区域，这个问题就会越突出。

这一问题通过仅将构件的中心固定在支撑结构上的方式来解决。这就是说，纵向变形可由这一点向两端发展而且不受任何约束。板面沿纵向所发生的胀缩在屋面雨水沟处结束，因为这里的板只是浮搁在支撑结构上而没有做任何固定。为了最大限度地减少铝板变形所带来的视觉上的不舒适感，沿铝板的宽度方向设置了 V 形的凹槽。当板面胀大时，V 形凹槽的两侧就会向中心靠拢，当板面收缩时则向两侧分开。至于那些对平整度要求很高的板面，就在板中心的位置设置 Z 形支架，以此减少板面的变形。

香港会展中心夜景

采用聚偏氟乙烯涂层 (PVDF-coated) 铝板是出于造价、颜色以及耐久性的考虑。至于雨点打在屋面上所产生的噪声问题，则通过在铝板内侧粘贴吸声材料并在整个屋面表皮涂上一道聚乙烯基涂膜的方式以起到降噪的作用。涂膜下层就是钢筋混凝土屋面板，由于混凝土密实性高，因此可以有效地降低飞临此地的飞机所带来的噪声。当屋顶构架直接暴露在室内的情况下，如展览区，则采用多孔板加隔声材料的方式来解决飞机噪声的问题。

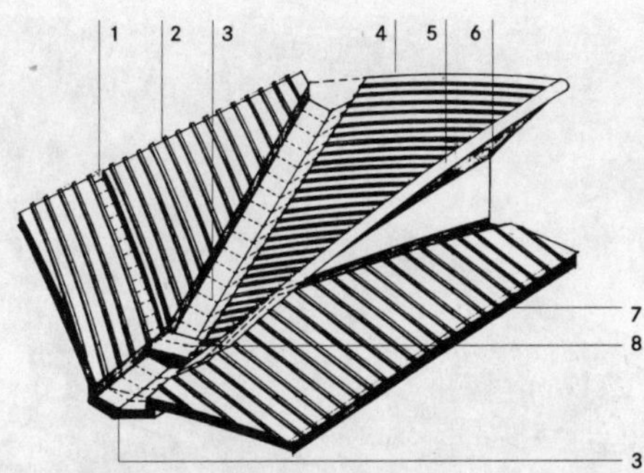

屋顶“桥”形桁架以及上中下三层屋面交接点的透视图
1 位于栅格之间 600mm 宽的玻璃带
2 上层屋面
3 不锈钢雨水沟
4 中层屋面
5 翼形屋面边缘处的银色“牛鼻子”形铝板
6 银色铝拱架
7 下层屋面
8 止水条

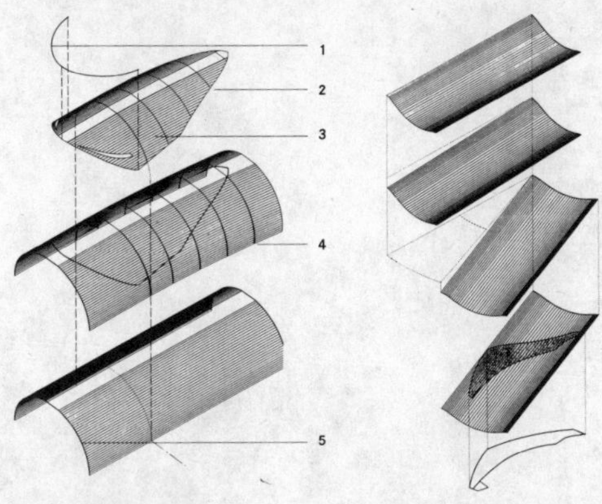

屋面分析
1 “饼干模具刀（cookie–cutter）”：切割几何体或称之为“饼干模具刀”的拱形切割线
2 与中层屋面的交线：与中层屋面相交时产生的弧线
3 与下层屋面的交线
4 按照网格线将拱断开，让每一片拱都向下弯
5 由一组正切弧得到的侧轮廓线，拉伸轮廓线可以得到一个拱形

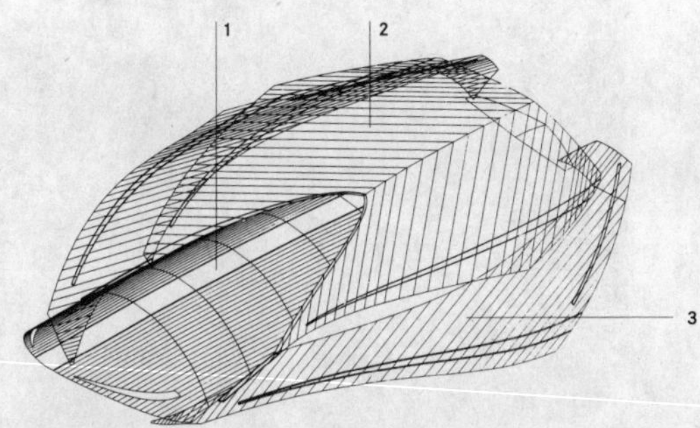

屋顶的计算机模型
1 上层屋面
2 中层屋面
3 下层屋面

地址：香港，中国
建筑师：王欧阳；Wo Hei Lam（总指导）；Patrick S.K.Chung（项目设计师）；Si Hung Ha（项目副设计师）；Winston Sung，V.Y.Choong，Bing Tung Lam（建筑设计组）；Ricardo Asis，May Wong（室内）；Danny Tang，Ken Montgomery，Mark Kelly，Jocelyn Chung，Sabrina Law，Raymond Fan，Stephen Valentine，Ralph Walker，Pak Shun Lee，George Tang（项目组），Skidmore，Owings&Merrill（SOM）；Larry Oltmann（设计搭档）；Alan Hinklin（项目总监）；Paul DeVylder（项目管理）；Ricard Smits（主要技术协调）；Marshall Strabala（主要设计者）；Dan Bell，Joe Castner，Sophie Dahdah，Peter Freiberg，J.T.Hsu，Kamalrukh Katrak，Elizabeth Michalska，Ronald Ng，Dan Tingelstein（项目组）
委托人：Hong Kong Trade Development Council
顾问工程师：Skidmore，Owings&Merill；Stan Korista，Ron Johnson，Srinivasa Lyengar，Robert Halvorson，Tim Kaye，David McLean，Raul Pacheco（结构）；Heitmann&Associates（外墙及屋顶饰面）；SL&A Graphics（绘图）；PHA Lighting Design，Fisher Marantz Renfro Stone（灯光）；James Carpenter（大厅雕塑）
施工时间：1991 ~ 1997 年
铝制构件：聚偏氟乙烯涂层铝板（屋顶）
制造商：Builder's Federal，United Reliance（金属、玻璃、石材幕墙）；Builder's Federal，Weatherwise（屋顶铝覆材）

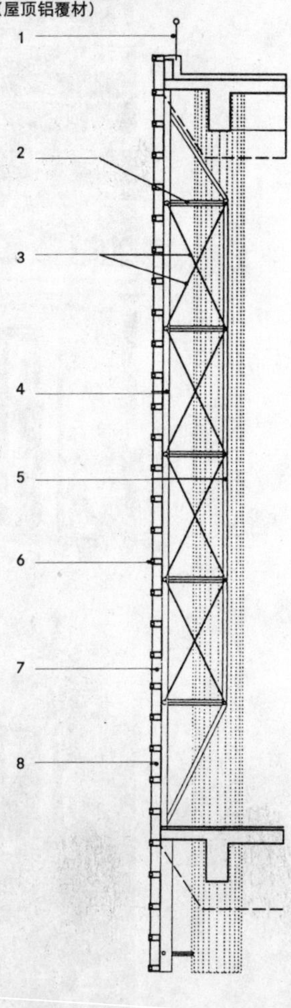

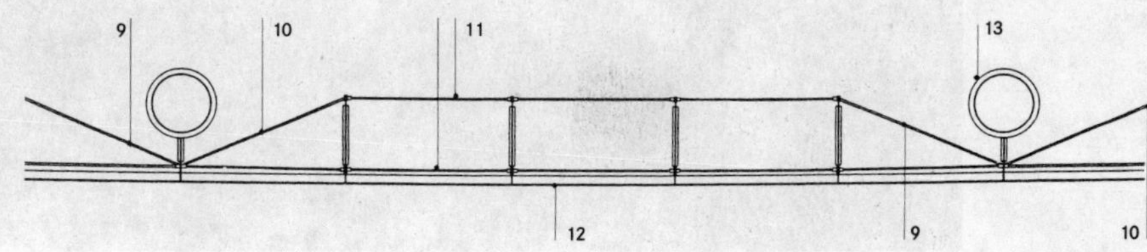

幕墙结构横、纵断面图
1 透明玻璃栏板及不锈钢压条
2 十字形腹杆
3 钢拉索
4 双钢前衬板
5 双钢后衬板
6 铝框
7 彩色（绿色）玻璃
8 装饰铝板
9 刚性钢管
10 刚性钢管
11 钢管拉杆
12 玻璃面
13 钢柱或混凝土柱

ING 银行及 NNH 总部

布达佩斯，匈牙利
EEA 事务所

设计：位于 Andrássy 大街上的这座建筑是市中心区建筑群中的一员，它带有一个内庭院，尽管布达佩斯历史上历经了诸多变化，但是这个庭院依旧保持着原来的样子。这座建于 1882 年的建筑留下了新文艺复兴（the neo-Renaissance）时期的印记。一直以来，该建筑都得到了小心谨慎的保护，并且由于其中添加的现代元素而提高了建筑的声望，内庭上方的玻璃屋顶就是其中的一个例子。而这座建筑的品质也因为这些新元素的加入而得到了完善和提升，它可以被视为中欧地区时局剧变的一个乐观象征。从这里引申出的理念是，将陈腐的历史主义远远抛开的同时欣然接纳新生和创新的事物。与此同时，我们也可以把它看做是第一批在建筑中将顽强的现代主义与直观的有机形式并置在一起的实例，可以称之为“现代巴洛克”。“鲸鱼”的出现使得会议厅有了一个有机的造型，即便人们从未看到过这个“鲸鱼”的全貌，但是在这座古老的建筑中，几乎每一个角落都能感受得到它的存在。它就像是浮在玻璃“海面”上的一个水泡。内庭院里铺漫了阳光，时隐时现，难以言表，既让人好奇又让人着迷。这个建筑在新与旧、自由与秩序、直线与曲线、天与地、纪念性建筑的传统技术与网状外皮的新技术之间强行引爆了一个对话。

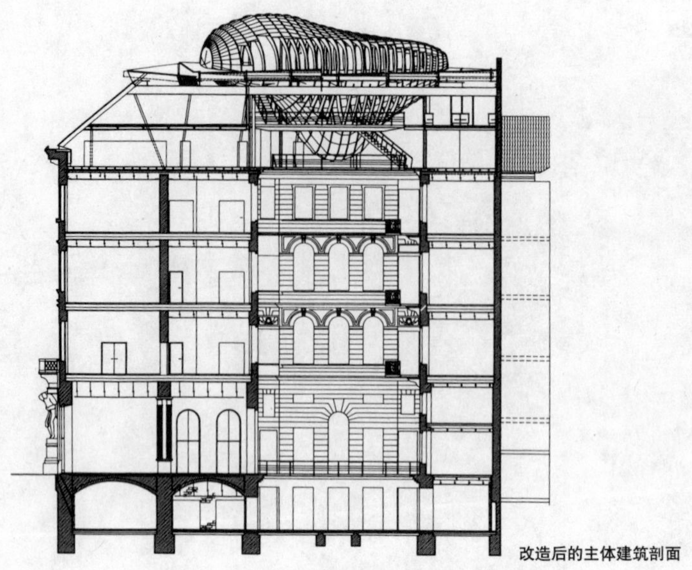
改造后的主体建筑剖面

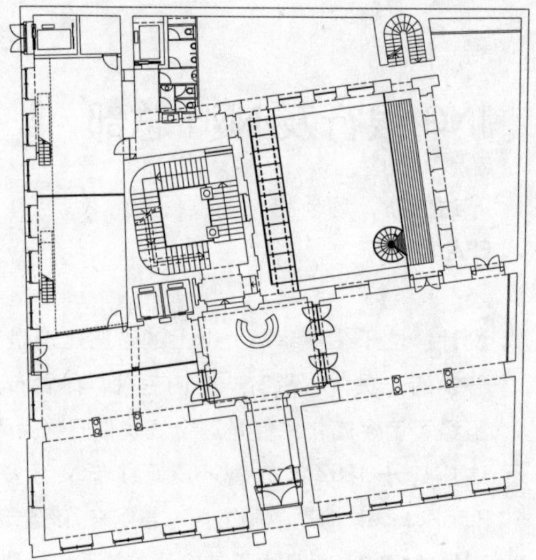
首层平面

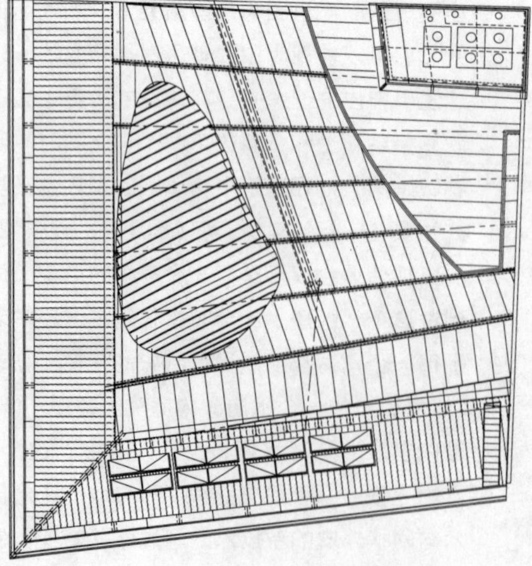
屋顶平面

这个建于 1882 年的老建筑焕然一新

会议厅上方的玻璃之“海”的夜景

内庭院室内景，可以看到“鲸鱼”的“肚子”

“鲸鱼”的玻璃体的铝框

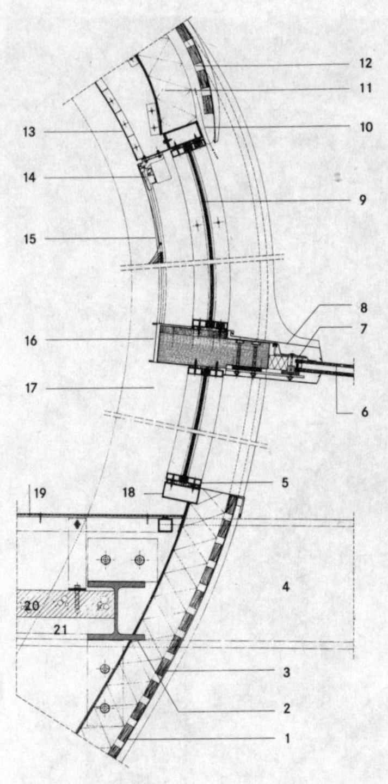

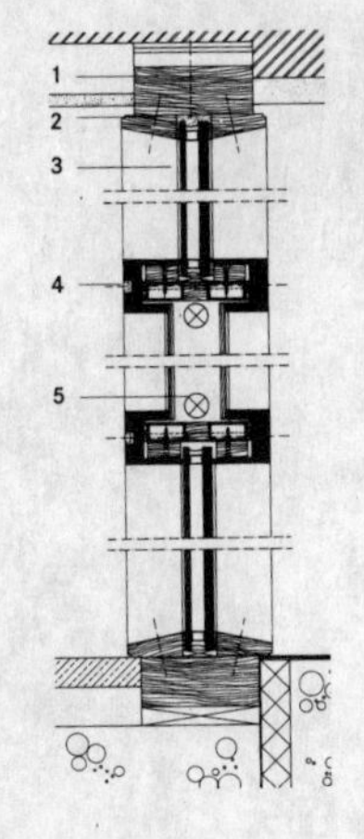

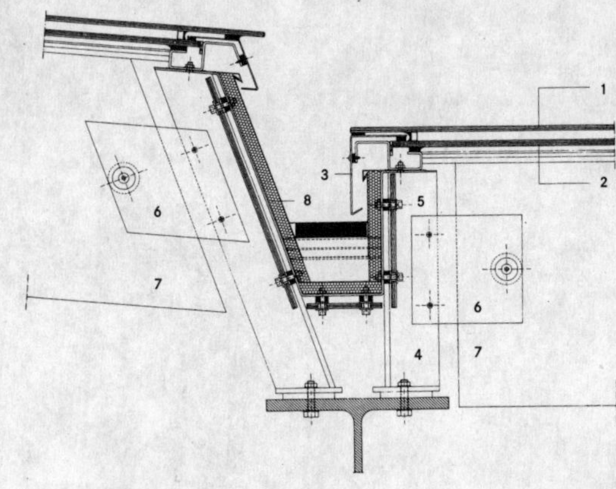

铝标牌构造细部
1 柚木框
2 柚木玻璃压条
3 保温玻璃
4 铝标牌固定件
5 霓虹灯

檐口处玻璃屋面构造细部
1 夹丝玻璃
2 夹丝玻璃，多层
3 阳极氧化铝构件
4 不锈钢支撑
5 压花玻璃
6 不锈钢连接件
7 压延玻璃肋
8 保温钢板

"鲸鱼"的外皮
1 锌制支撑格栅
2 HE 160B
3 锌皮
4 NE 360A 梁
5 铝制玻璃压条，20mm×40mm×3mm
6 玻璃
7 三元乙丙橡胶垫
8 锌皮盖片
9 弧形玻璃
10 锌格栅下的通风口
11 100mm 岩棉
12 风道
13 内饰面
14 电动遮阳板
15 遮阳板
16 锌皮
17 层压板做成的拱（6mm 层压板）
18 铝管 50mm×100mm×5mm
19 4mm 穿孔钢板
20 钢筋混凝土楼板
21 钢片

构造与材料：这些新元素主要包括工字形断面的框架、压延窗框、层压板做成的拱（"鲸鱼"）以及一个用玻璃、锌和不锈钢材料做成的屋顶等。在本工程中，铝只是用做玻璃框料上的某些构件或是配件，以"鲸鱼"结构体系为例，其中就用到了弧形铝方管（50mm×100mm×5mm），玻璃压条也采用了铝方管（20mm×40mm×3mm）。临街外门上方的标牌也是铝制的。

 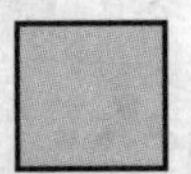 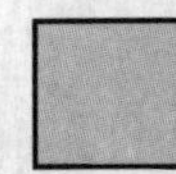 

地址：　Andrássy 大街，布达佩斯，匈牙利
建筑师：　EEA 事务所
Savany&Partners，布达佩斯（助理建筑师）；Erick van Egeraat，
Tibor Gall（建筑师）；Maartje Lammers（项目总监）；
Gábor Kruppa（项目负责人）；Astrid Huwald，János Tiba，
Stephen Moylan，William Richards，Ineke Dubbeldam，Miranda Nieboer，
Harry Boxelaar，Tamara Klassen，Atilla Komjathy，Dianne Anyka（项目组）
室内设计：　EEA 事务所
委托人：　Nationale Nederlanden Vastgoed，海牙；
Nationale Nederlanden Hungary Ltd，布达佩斯；ING Bank，布达佩斯
顾问工程师：　Pro plan Kft；Munk Dunstones Associates，伦敦（估算师）；
ABT Adviesburo voor Bouwtechniek b.v.，代尔夫特（结构）；
Ketel Raadgevende Ingenieurs b.v.，代尔夫特（设备安装）
施工时间：　1992～1994 年
制造商：　Permasteelisa Italia；Hydro Alluminio Ornago，米兰（铝材生产）

面向 Paulay-Ede 大街的外墙反射出对面建筑的影像

ING 银行及 NNH 总部扩建工程

布达佩斯，匈牙利
EEA 事务所

扩建体夜景。右侧的“自然石”立面让人联想到建于 1882 年那个老建筑的韵律

设计：这座新办公楼是位于 Andrássy 大街上的那个现代新文艺复兴风格（modernized neo-Renaissance）的老建筑的扩建工程。新建筑依照历史性纪念建筑的权威条款在建筑一侧的立面上直接沿用了老建筑的那种浓重的装饰风格的立面，这样一来老建筑的开窗韵律就在新建筑的立面上得到了重复和延续。出于对新建筑的体量和所在位置的考虑，几乎是下意识地就决定采用玻璃幕墙，这样，室内的光线照度就可以满足规范的要求了。独立的办公室都位于面向 Paulay-Ede 大街的各个楼层上。当可旋转的玻璃隔断与大街平行时，它们就可以将办公室从大空间中分隔出来了。楼梯采用不锈钢拉索悬挂结构，它们构成了建筑室内独特的“亮点”（highlight）。

构造与材料：新建筑并没有完全照搬老建筑的立面，而是在玻璃幕墙上采用了一项新技术（建筑玻璃）：每隔一格就用丝网印刷技术在玻璃上印上电脑图像，在远处看，跟天然石材的表面效果非常类似。而当人们走到近看时，它

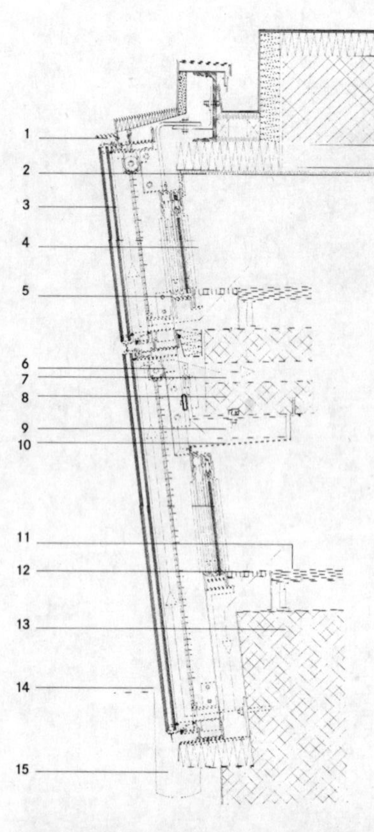

双层外墙细部

1 铝制防水板
2 空气调节吊顶
3 双层玻璃，立面上的“天然石材”
4 推拉门
5 铝结构
6 电动遮阳装置
7 风道
8 钢筋混凝土楼板
9 镀锌构件
10 外包铝皮
11 架空地面
12 不锈钢格栅
13 基础上面的钢筋混凝土板
14 街面标高
15 排除路面雨水的排水沟

改造后的主楼及扩建体剖面

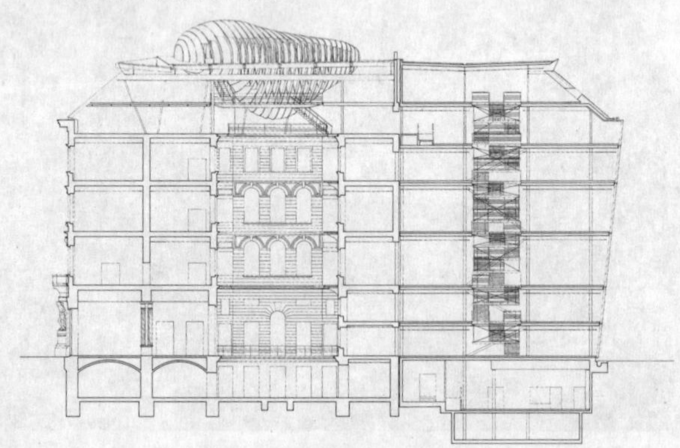

立面上每隔一格设一块丝网印玻璃，这种玻璃在远处看很像是天然石材的效果

的视觉效果就发生了变化，人们在玻璃上看到的是很多半透明的点。这一技术可以让光线照射到室内很深的地方。沿 Paulay–Ede 大街的立面是全玻璃的，在它的表面映射着对面建筑的朴素立面。该玻璃外墙采用了双层幕墙以及通风设计。室内空气通过双重幕墙之间的空腔排出室外，并因此改善了外围护墙体的热工性能。位于外片幕墙上的中空玻璃的内表面采用丝网印技术印上了图案，用以确保使用者的私密性。建筑室内的柱间距很大，楼板上还设有一定数量的孔洞，用来配合吊顶内的空调系统共同发挥作用。

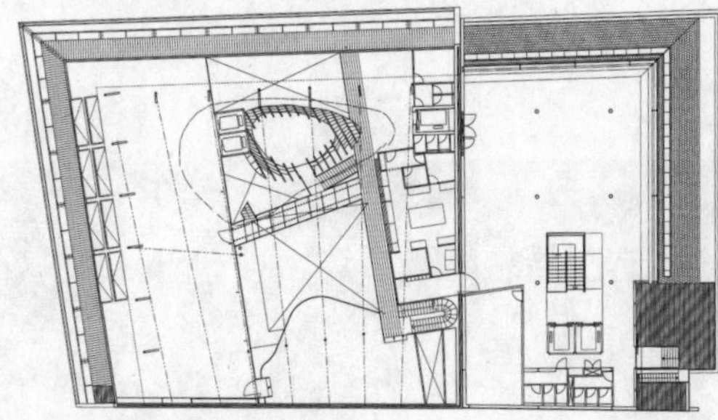

首层平面——老建筑及其扩建体

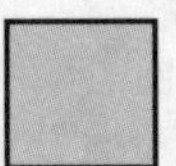
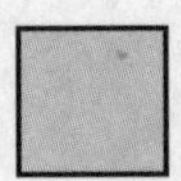
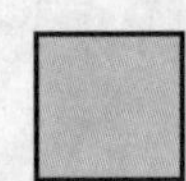

地址： Paulay Ede 大街，布达佩斯，匈牙利
建筑师： EEA 事务所；Erick van Egeraat（建筑师）；Maartje Lammers（项目总监）；Gábor Kruppa，János Tiba，Axel Koshany，Paul–Martin Lied，William Richards，Dianne Anyka，Emmet Scanlon，Zoltan Király（项目组）
室内设计： EEA 事务所
委托人： ING Real International，海牙
顾问工程师： ADAM–management–consultants，布达佩斯；MDA Overseas Ltd，Croydon（估算师）；ABT Adviesburo voor Bouwtechniek b.v.，代尔夫特，Mérték Epitészeti Studio，布达佩斯（结构）；Ove Arup&Partners，伦敦（设备安装）
施工时间： 1992 ～ 1997 年
铝制构件： 幕墙用铝：AA 6060 T5 合金；构件阳极氧化程序：冷阳极氧化，20μm 厚覆层，自然银色
制造商： Permasteelisa Italia；Hydro Alluminio Ornago，米兰（铝材生产）

位于新、老建筑屋顶下的夹层平面

面向 Paulay–Ede 大街的斜面双层空气调节玻璃幕外立面

室内景。玻璃构成的韵律延续了旧建筑的节奏

IHR 综合体外观

面向港口的南立面

ICHTHUS 学院

鹿特丹，荷兰
EEA 事务所

设 计： 为鹿特丹 Ichthus 学院（the Ichthus Hogeschool Rotterdam，IHR）设计的这个新楼就位于 Kop van Zuid 半岛上的伊拉斯谟桥（Erasmus Bridge）的一旁，它借鉴了 19 世纪末至 20 世纪初这里的港口建筑所特有的工业化特征。对于该建筑的要求更多的是来自该建筑所处的特殊区位及方位，而并非来自内部多种功能的需要。从城市尺度的视角来看，这个港口城市是鹿特丹 Ichthus 学院（IHR）最重要的参照物；从区域尺度的视角来看，该建筑与其周边环境水乳交融。例如，旁边建筑的拱廊就在新楼的首层得到了延续。最下面的三个楼层是一些特殊功能空间。而在这之上的六个楼层都是适合传统教学方式的标准教室。这些楼面空间都具有相当大的灵活性，因为可以利用隔墙来进行空间的划分。位于二层阶梯教室之上的是一个中庭，它位于南立面处并且向上贯通了整个建筑。这个中庭是建筑的绝对中心，其内部则是为学生们提供的学习区。在这里有一个非常独特的视角可以看到港口。这个开阔的中央空间贯穿了整个 IHR 大楼，所有在这里工作学习的人都会意识到他们与这座大楼的心脏是密切相连的。面向花园的一侧有一个露台，它的沉静与港口的喧嚷形成了对比。

内庭及内庭玻璃幕墙；局部采用钴蓝色丝网印玻璃

构造： 大楼的平面尺寸为 76.65m×34.60m。沿大楼长向展开的柱网是规整的，而横向的柱网则根据平面布局而有所变化。楼板采用了钢筋混凝土预制板。绝大多数的柱子、梁及屋面（压型钢板）都是钢制的。除去采用常规楼板支撑结构的做法外，另有一些楼板采用了悬索结构。

材料： IHR 大楼中用到最多的材料是玻璃：透明玻璃、钴蓝色丝网印玻璃等。玻璃不仅能够映出港口上的那些建筑，也会让建筑显得非常透明并具备极大的灵活性，此外，它还将在周边环境中营造出一个非凡的景观。在韩国生产的压延型铝构件的表面进行了特殊的阳极氧化处理：构件表面首先上一层亚光漆，之后再放入电解液中浸泡 2 个小时。压延铝框总共有两类：设有排水措施的铝框主要用于面向花园一侧的外墙玻璃幕和室内玻璃幕上，带有“机翼形”装饰构件的铝框用在面向港口的立面上，用以强化该立面上的水平线条。电缆桥架以及悬吊百叶窗的装置都与框料做成一体的。位于管理区一侧的玻璃幕墙是可以进行通风（climate-control）的双层幕墙。两道幕墙之间的空气可以

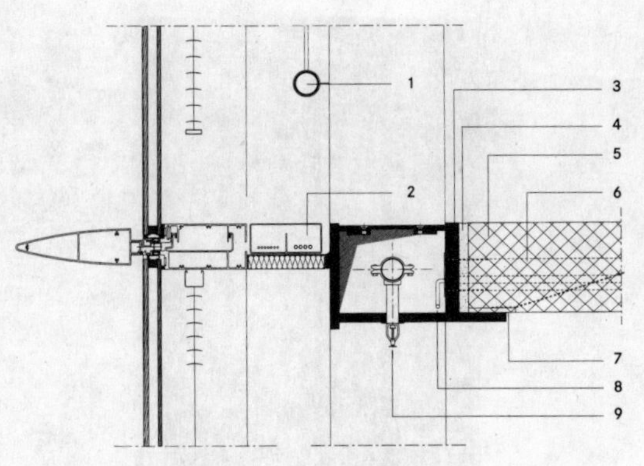

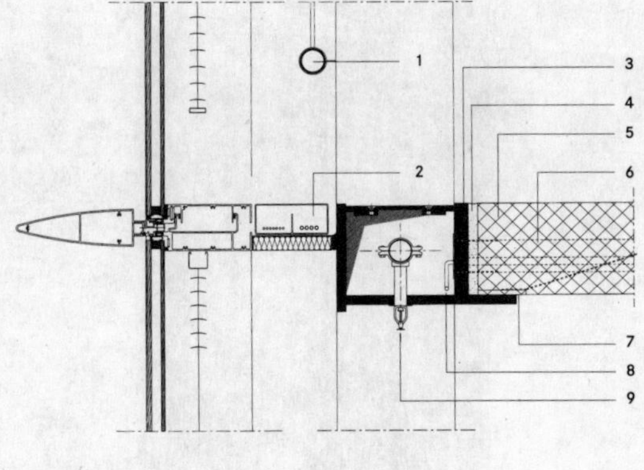

南立面细部（空中中庭处）。压延铝框的末端位于室外，其断面像是飞机的机翼

1 加热管
2 电缆桥架
3 钢构件
4 非收缩性砂浆
5 预制混凝土板 200mm 厚
6 预埋风管，70mm×170mm
7 预埋钢板
8 电管
9 喷淋头

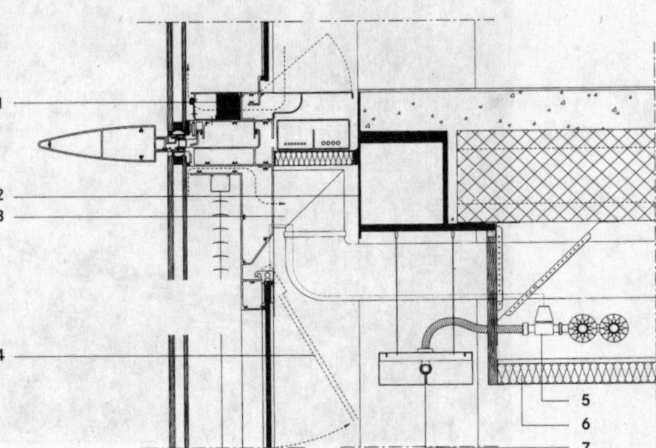

办公区塔楼南立面细部；玻璃幕墙（通风双层幕墙）

1 空气过滤器
2 钢构件
3 风管
4 通风幕墙
5 温度调节装置
6 穿孔钢板吊顶
7 加热器

面向公园立面的细部

1 玻璃面
2 钢构件
3 玻璃窗
4 丝网印玻璃
5 玻璃纤维层
6 保温层
7 镀锌钢板内饰面
8 玻璃栏板

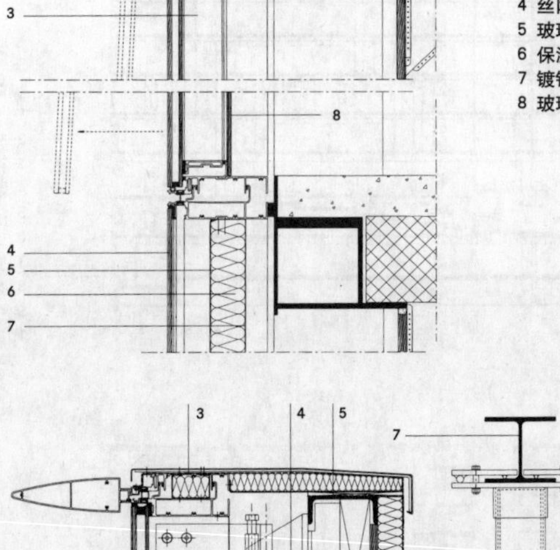

南立面与屋顶檐口交接处节点

1 通风幕墙上的抽风机
2 通风幕墙
3 铝制防水板
4 HE140A
5 UNP160
6 HE 180A
7 外墙清洗系统
8 钢制屋面结构
9 HE 240A

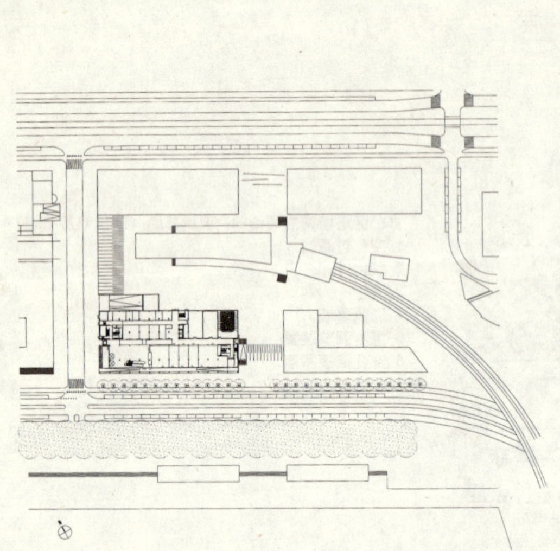

IHR 总平面

玻璃幕墙及其下方穿孔铝板细部。保温层（内侧镀锌钢板／保温层／外侧玻璃纤维）粘贴在外墙中空双层玻璃窗的后面

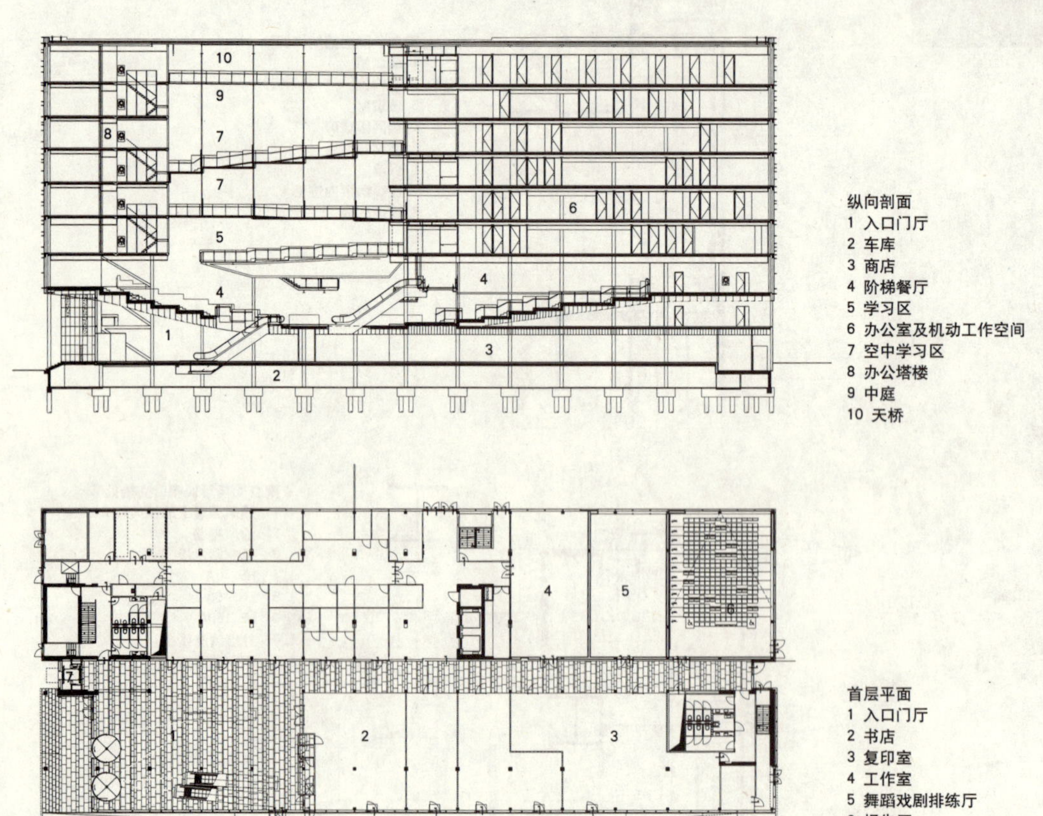

纵向剖面

1 入口门厅
2 车库
3 商店
4 阶梯餐厅
5 学习区
6 办公室及机动工作空间
7 空中学习区
8 办公塔楼
9 中庭
10 天桥

首层平面

1 入口门厅
2 书店
3 复印室
4 工作室
5 舞蹈戏剧排练厅
6 报告厅
7 电梯

室内

铺有木地板的天桥

流通还可进入吊顶内的管道中。百叶窗则固定在双层幕墙的空腔内，为维护和清洁空腔而设置的窗口开设在内片幕墙上。开启扇玻璃与固定扇玻璃在光感上差别很小，这有助于保证外观的平整感和几何性。另外，室内也采用了一些木装修做法。

地址：　Veemstraat，鹿特丹，荷兰

建筑师：　EEA 事务所
Erick van Egeraat，Maartje Lammers，Monica Adams（建筑师）；
Maartje Lammers（项目总监）；Kerstin Hahn，Colette Niemeijer，
Lisette Magis，Ramon Knoester，Nienke Booy，Folkert van Hagen，
Perry Klootwijk，Joep van Etten，Ard Buijsen，Pavel Fomenko，
Harry Kurzhals，Paul-Martin Lied，Karolien de Pauw，Stefanie Schleich，
Boris Zeisser（竞赛项目组）；Cock Peterse，Jeroen ter Haar，Luc Reyn，
Paul Blonk，Mika Lundberg，Kerstin Hahn，Colette Niemeijer，
Ronald Ubels，Jos Overmars，Ezra Buenrostro-Hoogwater，Matthias Frei，
Claudia Radinger，Ole Schmidt，Rowan van Wely，Sabrina Kers，
Sara Hampe，Julia Hausmann，Bas de Haan，Aude de Broissia（执行项目组）

室内设计：　EEA 事务所

委托人：　IHR Ichthus Hogeschool Rotterdam

顾问工程师：　Berenschot Osborne b.v.，乌德勒支；ABKS，Arnhem（估算师）；
ABT Adviesburo voor Bouwtechniek b.v.，代尔夫特 /Arnhem
（结构、机械及电气设备）；Adviesbureau Peutz&Associes b.v.，
Mook（声学）；European Fire Protection consultants，Bilthoven（防火）

施工时间：　1996 ~ 2000 年

制造商：　Scheldebouw，米德尔堡（立面）

建筑外观及出入口

西立面

首层外窗及室外楼梯

菊竹建筑师事务所办公楼

东京，日本

菊竹建筑师事务所

设计：在这个 5 层高的建筑里有 1 个车库、若干办公室及 2 套公寓。作为未来生态办公建筑的范例，本工程采用了很多节能措施，除此之外，本工程还有另一个理念，就是让开敞空间都能笼罩在天光之下。如果它想成为 21 世纪的建筑典范，真正做到与自然环境和谐共处，那么它就必须满足以下五个基本的原则：

– 利用天然采光和自然通风，

– 采用被动式太阳能技术的建筑外围护体系（双层玻璃幕墙建筑）并对吸收的热能进行开发利用，

– 根据建筑的朝向设置玻璃外墙（被动式太阳能建筑），

– 利用设在屋顶的光电板来发电，

– 利用太阳能提供热水。

运用这些原则来建设新的办公楼或是对原有建筑进行改造的话，那么这些建筑就是能够满足生态学要求的建筑，那么在可持续发展以及优化利用无公害能源方面它们也就能够成为真正的典范了。

构造：钢筋混凝土结构采用了 8m × 6m 及 8m × 4m（由西向东）两种柱网。跨越 4 层楼面的南立面玻璃窗导致办公室和两套公寓吸收了大量的热。西侧的铝制遮阳板则起到了反射太阳光的作用。这种遮阳装制以及中空双层玻璃所具备的高效隔热性能，再加上玻璃本身较低的热辐射性能等，都有助于确保室内的温度不会过高。获得这一结果也只消耗了极少的能量。南侧高效低辐射保温双层玻璃在隔绝掉必要热量的同时还能确保室内所需要的舒适温度。由于中空双层玻璃的特殊性能，它不仅可以吸收太阳辐射能（短波辐射），还可以通过折射的方式留存住室内的热量（长波辐射）。

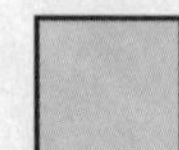

地址：	文京区，东京，日本
建筑师：	菊竹建筑师事务所
委托人：	设计研究公司
顾问工程师：	Takenaka Corpor（结构）；Kandenko Company，Nishihara Engineering Company，Takasago Thermal Engineering Company（机电设备）
施工时间：	1997 年
铝制构件：	遮阳铝板型号 JIS（日本工业标准）4000 A1 100P，丙烯酸烤漆，允许风压：2058 Pa
制造商：	Sky Aluminium Company（铝材）；Asahi Kinzoku Kogyo Company（铝遮阳百叶窗）

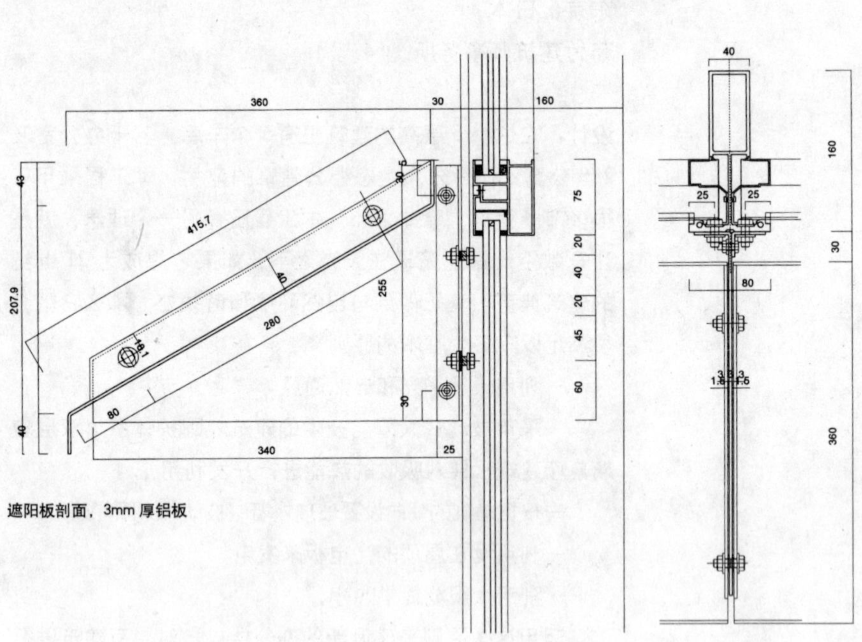
遮阳板剖面，3mm 厚铝板

西侧的遮阳板及南侧的玻璃面

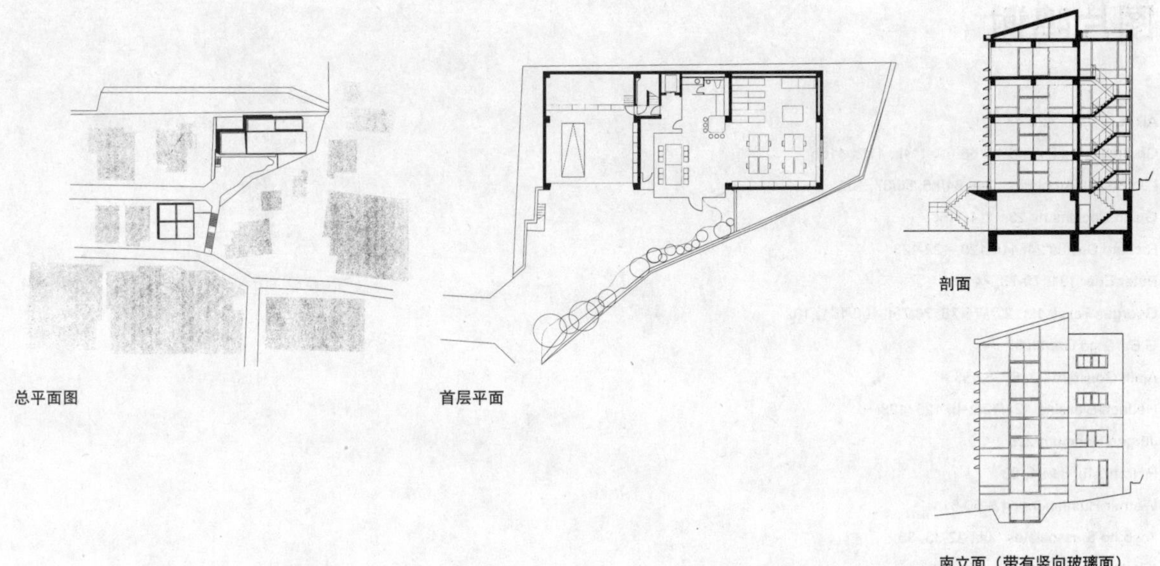

总平面图

首层平面

剖面

南立面（带有竖向玻璃面）

图片鸣谢

ARTEC 40,41,42b,43

Ch.Bastin & J.Evrard 18, 66-69, 114b, 115r, 116b

Luc Boegly/Archipress 21t, 84/85, 86/87, 100

Guido Coolens nv 23r, 114/115t

Richard Davies 24t,118-120, 122-123

Peter Eder 191, 70-73, 74

Georges Fessy 19r, 22t, 76-78, 78/79t, 100/101, 102

G.Berengo Gardin 92

Alain Goustard 20, 80, 82/83

Hedrich-Blessing 124/125t+b, 126, 128t+b

Jürgen Hohmuth 22b

P.Horn 21b, 88-91, 93

Werner Huthmacher 13, 50-51

Toyo Ito & associates 30b, 32-33, 35

Kikutake Architects 26r, 146-149

Wilmar Koenig 104/105t, 106-109

Dominique Macel 14

Makoto Sei Watanabe 2, 12b, 17, 54-57, 59-61

Mick Merrick 128b

Paul Ott 15, 62-65

Dominique Perrault Architecte 78/79b

Helmut Richter 11b, 36-39

Christian Richters 24b, 25, 261, 130/131, 133-134,136-139,140-145

Philippe Ruault 46, 48-49

Samyn and Partners 116t

Shokokusha/Tomio Ohashi 11t, 30/31t, 31b

Margherita Spiluttini 12t, 42t, 45

Steinkamp & Ballogg 23t, 124l, 126/127t

TEN Arquitectos 16, 94-98

Nigel Young 23b, 110/111

Nigel Young/Foster & Partners 111r, 112-113

Gerald Zugmann 74

所有图片均由建筑师本人提供。
以上鸣谢为出版商目前已知的照
片拍摄者名单。

尊敬的读者：

感谢您选购我社图书！建工版图书按图书销售分类在卖场上架，共设22个一级分类及43个二级分类，根据图书销售分类选购建筑类图书会节省您的大量时间。现将建工版图书销售分类及与我社联系方式介绍给您，欢迎随时与我们联系。

★建工版图书销售分类表（详见下表）。

★欢迎登陆中国建筑工业出版社网站www.cabp.com.cn，本网站为您提供建工版图书信息查询，网上留言、购书服务，并邀请您加入网上读者俱乐部。

★中国建筑工业出版社总编室　电　话：010—58934845

传　真：010—68321361

★中国建筑工业出版社发行部　电　话：010—58933865

传　真：010—68325420

E-mail：hbw@cabp.com.cn

建工版图书销售分类表

一级分类名称（代码）	二级分类名称（代码）	一级分类名称（代码）	二级分类名称（代码）
建筑学（A）	建筑历史与理论（A10）	园林景观（G）	园林史与园林景观理论（G10）
	建筑设计（A20）		园林景观规划与设计（G20）
	建筑技术（A30）		环境艺术设计（G30）
	建筑表现・建筑制图（A40）		园林景观施工（G40）
	建筑艺术（A50）		园林植物与应用（G50）
建筑设备・建筑材料（F）	暖通空调（F10）	城乡建设・市政工程・环境工程（B）	城镇与乡（村）建设（B10）
	建筑给水排水（F20）		道路桥梁工程（B20）
	建筑电气与建筑智能化技术（F30）		市政给水排水工程（B30）
	建筑节能・建筑防火（F40）		市政供热、供燃气工程（B40）
	建筑材料（F50）		环境工程（B50）
城市规划・城市设计（P）	城市史与城市规划理论（P10）	建筑结构与岩土工程（S）	建筑结构（S10）
	城市规划与城市设计（P20）		岩土工程（S20）
室内设计・装饰装修（D）	室内设计与表现（D10）	建筑施工・设备安装技术（C）	施工技术（C10）
	家具与装饰（D20）		设备安装技术（C20）
	装修材料与施工（D30）		工程质量与安全（C30）
建筑工程经济与管理（M）	施工管理（M10）	房地产开发管理（E）	房地产开发与经营（E10）
	工程管理（M20）		物业管理（E20）
	工程监理（M30）	辞典・连续出版物（Z）	辞典（Z10）
	工程经济与造价（M40）		连续出版物（Z20）
艺术・设计（K）	艺术（K10）	旅游・其他（Q）	旅游（Q10）
	工业设计（K20）		其他（Q20）
	平面设计（K30）	土木建筑计算机应用系列（J）	
执业资格考试用书（R）		法律法规与标准规范单行本（T）	
高校教材（V）		法律法规与标准规范汇编/大全（U）	
高职高专教材（X）		培训教材（Y）	
中职中专教材（W）		电子出版物（H）	

注：建工版图书销售分类已标注于图书封底。